暖通工程设计与施工

亓欣军　褚海生　周阳　主编

延边大学出版社

图书在版编目（CIP）数据

暖通工程设计与施工 / 亓欣军，褚海生，周阳主编
. -- 延吉 ： 延边大学出版社，2024.1
ISBN 978-7-230-06203-9

Ⅰ. ①暖… Ⅱ. ①亓… ②褚… ③周… Ⅲ. ①房屋建筑设备－采暖设备－建筑设计②房屋建筑设备－通风设备－建筑设计③房屋建筑设备－采暖设备－工程施工④房屋建筑设备－通风设备－工程施工 Ⅳ. ①TU83

中国国家版本馆CIP数据核字(2024)第042793号

暖通工程设计与施工

主　　编：亓欣军　褚海生　周阳
责任编辑：董　强
封面设计：文合文化
出版发行：延边大学出版社
社　　址：吉林省延吉市公园路977号　　　邮　　编：133002
网　　址：http://www.ydcbs.com　　　　E-mail：ydcbs@ydcbs.com
电　　话：0433-2732435　　　　　　　传　　真：0433-2732434
印　　刷：廊坊市海涛印刷有限公司
开　　本：710×1000　1/16
印　　张：12
字　　数：210 千字
版　　次：2024 年 1 月 第 1 版
印　　次：2024 年 1 月 第 1 次印刷
书　　号：ISBN 978-7-230-06203-9

定价：65.00元

编 写 成 员

主　　编：亓欣军　褚海生　周　阳

副 主 编：朱　枫　李志军　刘大庆　王昌荣　梁桂青

编　　委：张　寒

编写单位：山东恒信建业集团有限公司

北京兴电国际工程管理有限公司

济宁市规划设计研究院

成都倍特建筑安装工程有限公司

山西省安装集团股份有限公司

中建二局第三建筑工程有限公司

长春振威燃气安装发展有限公司

聊城昌润国电热力有限公司

重庆机场集团有限公司

前　言

　　暖通工程是建筑工程的重要组成部分，主要包括采暖、通风、空气调节三个方面，它的意义在于为人们提供舒适、健康的室内环境，提高人们的生活质量和工作效率。例如：在寒冷的冬季，暖通工程能够保证建筑物内的温度适宜，避免人们受寒冷的困扰；在炎热的夏季，暖通工程能够调节室内温度，避免人们受高温的困扰。同时，暖通工程还能够改善室内空气质量，提供良好的通风和换气条件。通过技术创新和改进，暖通工程能够更好地满足人们的需求，提高建筑物的舒适度。随着科技的不断进步和创新，暖通工程将会更加智能化、高效化和环保化，为人们创造更加舒适、健康、美好的生活环境。

　　本书首先简单介绍了暖通空调系统各子系统的定义、结构、分类及设计要点，其次阐述了暖通空调系统的节能设计与可持续发展，以及暖通工程设计与施工阶段的成本研究与控制，最后介绍了暖通空调系统的安装。本书旨在为暖通工程设计人员和施工人员以及相关教育工作者提供理论参考和实践指导。

　　笔者在撰写本书的过程中参考了大量的文献，在此对文献的作者表示由衷的感谢。此外，由于笔者时间和精力有限，书中难免会存在不足之处，敬请广大读者批评指正。

笔者

2024 年 1 月

目　　录

第一章　暖通工程概述 ………………………………………………… 1

　　第一节　采暖系统概述 …………………………………………… 2

　　第二节　通风系统概述 …………………………………………… 4

　　第三节　空调系统概述 …………………………………………… 7

第二章　暖通工程的设计要点 ……………………………………… 11

　　第一节　采暖系统的设计要点 …………………………………… 11

　　第二节　通风系统的设计要点 …………………………………… 16

　　第三节　空调系统的设计要点 …………………………………… 19

第三章　暖通空调系统节能设计与可持续发展 …………………… 22

　　第一节　暖通空调系统的能耗问题 ……………………………… 22

　　第二节　暖通空调系统节能设计的原则与关键 ………………… 25

　　第三节　暖通空调系统的节能运行与维护 ……………………… 31

　　第四节　暖通空调系统与可持续发展 …………………………… 35

第四章　暖通工程设计与施工阶段的成本研究与控制 …………… 40

　　第一节　暖通工程设计与施工阶段的成本研究 ………………… 40

　　第二节　暖通工程设计与施工阶段的成本控制 ………………… 51

第五章　暖通工程中采暖系统的安装 ……… 64

第一节　散热器的分类及安装要求 ……… 64

第二节　锅炉的分类及安装要求 ……… 67

第三节　金属辐射板及低温热水地板辐射系统的安装要求 ……… 75

第四节　采暖系统施工准备 ……… 81

第五节　室内供热管道安装 ……… 82

第六节　室外供热管道安装 ……… 93

第七节　采暖系统附属设备安装 ……… 104

第六章　暖通工程中通风空调系统的安装 ………118

第一节　通风空调系统安装常用的材料与机具 ………118

第二节　风管的涂漆和保温 ……… 126

第三节　一般通风空调系统的安装 ……… 135

第四节　洁净空调系统的安装 ……… 153

第五节　通风空调设备的安装 ……… 157

参考文献 ……… 180

第一章 暖通工程概述

暖通（heating, ventilating and air conditioning, HVAC）工程是建筑工程的重要组成部分，主要包括采暖（又称"供暖""供热"）、通风、空气调节（简称"空调"）三个方面，取这三种功能的综合简称，即暖通空调。

采暖是通过人工的方法，采用热水或蒸汽作为传热媒介，给室内补充热量，使室内保持适宜的温度。

通风是改善室内空气环境的有效措施。通风就是把含有有害物质的污浊空气从室内排出去，将符合卫生要求的新鲜空气送进来，以保持适于人们生产和生活的空气环境。除了创造良好的室内空气环境，通风的任务还包括对室内排出的某些有害物进行必要的处理，使其符合排放标准，以避免或减少对大气的污染。

人们在生产和生活中所要求的空气环境，包括空气的温度、湿度、洁净度和空气流动速度等几个方面。尤其是在科研和某些工业生产方面，对空气环境的要求是极为严格的。这就需要采用人工的方法，创造和保持满足一定要求的空气环境，这就是空气调节，简称空调。从某种角度来说，空气调节是更高一级的通风。

暖通工程的主要内容是对暖通空调系统进行设计与施工，下面将简单介绍暖通空调系统的各组成部分，即采暖系统、通风系统、空调系统（通风系统和空调系统合称为通风空调系统）。

第一节　采暖系统概述

一、采暖系统的定义

　　人们在日常生产和生活中，要求室内保持一定的温度，尤其在冬季比较寒冷的地区，当室外温度低于人们室内正常工作、学习所需温度时，由于室内的热量不断传向室外，室内温度就会降至适宜人们生产、生活的温度以下。因此，为保持一定的室内温度，人们必须向室内补充一定的热量。向室内提供热量的工程设备就称为采暖系统。

二、采暖系统的结构

　　采暖系统是建筑工程的一个重要组成部分，任何形式的采暖系统都是由热源设备、供热管道和散热设备三个基本部分构成的。

　　热源是指供暖热媒的来源或能从中吸取热能的物质，如工业余热、太阳能、地热、核能等。热源设备是指热的发生器，如锅炉、热交换站等。

　　供热管道指热的输送管网，包括室内外供热管道等。

　　散热设备是指各种类型的散热器、暖风机和散热板等。

三、采暖系统的分类

　　采暖系统根据不同的特征，有不同的分类方法。

（一）按供热区域分类

1.局部采暖系统

局部采暖系统指热源设备、供热管道、散热设备连成一个整体的供热系统，如火炉供暖、煤气供暖、电热供暖等。

2.集中采暖系统

集中采暖系统指锅炉单独设在锅炉房或城市热网的换热站内，通过管道同时向一幢或多幢建筑物供热的采暖系统。

3.区域采暖系统

区域采暖系统指由一个区域锅炉房或换热站向城镇的某个生活区、商业区或厂区集中供热的系统。

（二）按热媒分类

1.热水采暖系统

以热水为热媒的采暖系统称为热水采暖系统。水在锅炉内被加热后，通过管道输送到每个房间的散热设备中，散热设备向房间内散热，将空气加热；放热后的水再经管道回到锅炉重新被加热。一般居民小区供热均采用热水采暖系统。按热水温度的不同，热水采暖系统分为低温热水采暖系统和高温热水采暖系统：供水温度95 ℃、回水温度70 ℃的为低温热水采暖系统；供水温度高于100 ℃的为高温热水采暖系统。按系统循环动力的不同，热水采暖系统又分为自然循环热水采暖系统和机械循环热水采暖系统。

2.蒸汽采暖系统

以蒸汽为热媒的采暖系统称为蒸汽采暖系统。水在锅炉内被加热汽化变成蒸汽，蒸汽沿着管道被输送到各采暖间的散热设备中，在散热设备中放热凝结成水，经凝结水管流回锅炉内重新被加热变成蒸汽。在一般情况下，有条件的工业厂房会采用此类热媒来供暖。按热媒蒸汽压强的不同，蒸汽采暖系统又分为低压蒸汽采暖系统和高压蒸汽采暖系统：蒸汽压强高于70 kPa的为高压蒸汽采暖系统，蒸汽压强低于70 kPa的为低压蒸汽采暖系统，蒸汽压强低于大气压的为真空蒸汽采暖系统。

第二节　通风系统概述

一、通风系统的定义

通风系统是暖通空调系统的重要组成部分，指为了实现排风和送风所采用的设备、装置。它通过合理的气流组织，排出室内污染空气，引入新鲜空气，从而创造舒适、健康、高效的工作和生活环境。

二、通风系统的结构

通风系统主要由风道、风管、通风机、风口等构成。

（一）风道

用砖石或混凝土浇筑的空气路道，一般称为风道，它与建筑物本身构造通常密切结合在一起，如在厨房和卫生间必须设置风道。

竖直风道一般应设置在内墙中。为了防止结露影响自然通风的效果，竖直风道一般不允许设置在外墙中，若要设置在外墙中，应设置空气隔离层。

（二）风管

风管一般采用圆形或矩形等形式，相邻管道间用特殊管件进行连接，矩形风管宽高比宜小于6，最大不应超过10。

风管的常用材料为镀锌薄钢板，其常用于潮湿环境中通风系统风管及配件、部件的制作。对于洁净度要求较高或有特殊要求的工程，风管的制作常采用不锈钢或铝板，有防腐要求时可采用塑料或玻璃钢。

风管的布置应在进风口、送风口、排风口、空气处理设备、通风机等的位置确定之后进行。风管布置的原则如下：应该服从通风系统的总体布局，并与土建、生产工艺和给排水等专业协调配合；应使风管少占建筑空间并不得妨碍生产操作；管道布置应尽量缩短管线，便于安装、调节与维修；应尽量避免穿越沉降缝、伸缩缝和防火墙等部位。

（三）通风机

通风机是输送气体的机械，可以提高风速和风压。常见的通风机有离心式通风机和轴流式通风机两种。

1.离心式通风机

离心式通风机主要由外壳、叶轮及吸风口组成。离心式通风机的工作原理如下：用电动机驱动叶轮旋转，借助叶轮旋转时产生的离心力而使叶轮中的气体获得压能和动能从排风口排出，叶轮中心形成真空，吸风口外面的空气在大气压作用下被吸入叶轮。

2.轴流式通风机

轴流式通风机是借助叶轮的推力作用促使空气流动的，气流的方向与机轴平行，其风压低于离心式通风机，多用于无须设置管道或管道阻力较小的通风系统中。

（四）风口

风口根据其安装部位和用途可分为以下几种：

1.室外进风口

室外进风口是采集室外新鲜空气并送入室内送风系统的装置，根据设置位置不同可分为窗口式和塔式两种。

2.室外排风装置

室外排风装置的作用是将排风系统中收集到的污浊空气排到室外，经常设计成塔式安装于屋面。

3.室内送风口

室内送风口是送风系统中风道的末端装置，其形式有多种，最简单的是在风道上开设孔口送风。根据孔口开设的位置，送风口有侧向送风口和下部送风口之分。

4.室内排风口

民用建筑中污染空气经室内排风口进入回风道或排出室外。室内排风口一般没有特殊要求，其形式种类也较少，主要是百叶窗，工业上常用排风罩。

三、通风系统的分类

通风系统可以分为多种类型，常见的分类方式有：

（一）按工作原理分类

通风系统按工作原理可以分为自然通风系统和机械通风系统。自然通风系统依靠自然风力进行通风，而机械通风系统则通过机械装置（如通风机）进行通风。

（二）按用途分类

通风系统按用途可以分为工业通风系统和民用通风系统。工业通风系统主要用于工厂、车间等工业环境，民用通风系统主要用于住宅、办公楼等民用建筑。

（三）按送风方式分类

通风系统按送风方式可以分为上送风系统和下送风系统。上送风系统是将新鲜空气送至室内上部，而下送风系统则是将新鲜空气送至室内下部。

第三节　空调系统概述

一、空调系统的定义

空调系统是暖通空调系统的重要组成部分，是指通过调节空气的温度、湿度、气流速度和洁净度等参数，为室内创造舒适的环境，以满足人体舒适和工艺生产要求的系统。

二、空调系统的结构

（一）制冷系统

制冷系统是空调系统的核心部分，它的主要功能是通过制冷剂循环流动，吸收和排除室内热量，达到降低室内温度的目的。制冷系统主要包括压缩机、蒸发器、冷凝器、节流阀等部件。

压缩机是制冷系统的动力源，通过压缩制冷剂，使其压强和温度升高。蒸发器是制冷系统中吸收热量的部件，它通过与室内空气进行热交换，将室内热量吸收并传递给制冷剂。冷凝器是制冷系统中释放热量的部件，它将吸收了室内热量的制冷剂中的热量传递给室外空气，使制冷剂液化。节流阀是控制制冷剂流量的部件，它根据系统需要调节制冷剂流量。

（二）空气处理设备

空气处理设备是空调系统中用于处理进入室内空气的设备，主要包括空气过滤器、表冷器、加湿器、去湿器等。

空气过滤器用于过滤掉空气中的尘埃和其他颗粒物，保证空气的洁净度。表冷器用于冷却空气，通过与冷冻水进行热交换，降低空气温度。加湿器用于增加空气湿度，使空气湿度达到舒适范围。去湿器用于降低空气湿度，在湿度过大时使用。

（三）通风设备

通风设备是空调系统中用于实现室内外空气循环流动的设备，主要包括送风机、排风机、风道、阀门等。

送风机将处理后的空气送入室内，排风机则将室内的空气排出室外。风道是连接送风口和排风口的管道，用于引导气流方向。阀门则用于调节风量大小和起到开关的作用。

（四）控制元件

控制元件是空调系统中用于监测和控制空调系统运行状态的元件，主要包括温度控制器、湿度控制器、压强开关、水流开关等。

温度控制器用于监测室内温度，并根据设定值自动调节空调系统的运行状态，使室内温度保持在设定范围内。湿度控制器用于监测室内湿度，并根据设定值自动调节加湿器或去湿器的运行状态，使室内湿度保持在舒适范围内。压强开关和水流开关则用于监测系统的压强和水流状态，保证系统的正常运行。

三、空调系统的分类

空调系统可以分为多种类型，常见的分类方式有以下几种：

（一）按使用目的分类

1.舒适性空调系统

舒适性空调系统主要满足人们生活和工作中的舒适需求，通过调节室内温度、湿度和气流速度等参数，为人们提供舒适的环境条件。

2.工艺性空调系统

工艺性空调系统是满足特定工艺需求的空调系统，主要用于如电子、制药、食品等行业的生产车间或实验室等场所。这类空调系统通常需要控制室内温度、湿度、洁净度、压强等参数，以满足生产或实验的需求。

（二）按能源类型分类

1.电动式空调系统

电动式空调系统以电能作为主要能源，通过制冷系统、空气处理设备等部件实现空气调节。电动式空调系统通常应用于家庭、办公楼等场所。

2.燃气式空调系统

燃气式空调系统以燃气作为主要能源，通过燃气热泵、燃气锅炉等设备实现空气调节。燃气式空调系统通常应用于大型建筑、工厂等场所。

3.热电式空调系统

热电式空调系统以热能作为主要能源，通过热电制冷器实现空气调节。热电式空调系统通常应用于需要大量热处理的场所，如实验室、数据中心等。

（三）按送风方式分类

1.集中送风空调系统

集中送风空调系统采用集中送风方式，将处理后的空气通过风道输送到各个房间，以满足室内温度和湿度的需求。集中送风空调系统适用于大型建筑、工厂等场所。

2.独立送风空调系统

对于独立送风空调系统，每个房间或区域配置独立的送风设备和控制系统，以满足各房间或区域的不同需求。独立送风空调系统适用于需要独立控制的场所，如办公室、酒店客房等。

（四）按新风量分类

1.全新风空调系统

全新风空调系统通过全开方式引入室外新鲜空气，与室内空气进行混合，以满足室内空气品质的需求。全新风空调系统适用于需要高洁净度环境的场所，如手术室等。

2.部分新风空调系统

部分新风空调系统根据室内外空气品质和负荷情况，调节新风量和回风量的比例，以满足室内空气品质的需求。部分新风空调系统适用于一般民用建筑和工业厂房等场所。

（五）按调节方式分类

1.手动调节空调系统

手动调节空调系统是通过手动调节方式对空调系统的参数进行控制的。手动调节空调系统适用于小型场所或对环境要求不高的场所。

2.自动调节空调系统

自动调节空调系统采用自动化技术对空调系统的参数进行实时监测和控制，以满足室内环境的需求。自动调节空调系统适用于对环境要求较高的场所，如数据中心等。

第二章　暖通工程的设计要点

暖通工程的应用使得室内温度、湿度等条件得到了有效的控制，让人们可以在舒适的环境中生活和工作。为了更好地发挥暖通工程的作用，了解暖通工程的设计要点是十分必要的。本章主要从采暖系统、通风系统、空调系统三个方面对暖通工程的设计要点进行具体分析。

第一节　采暖系统的设计要点

一、热源设备选择

热源设备是采暖系统的核心，其选择直接影响到采暖系统的稳定性和经济性。在选择热源设备时，应综合考虑以下几个因素：

（一）需求分析

应对供热区域的需求进行详细分析，包括供热面积、供热负荷、供热质量要求等。这有助于确定所需热源设备的规模和参数，从而选择合适的热源设备。

（二）资源条件

在选择热源设备时，应结合当地的资源条件（如煤炭、天然气、地热等）

进行评估。充分利用当地可获取的资源，可以降低运输成本等，同时也有利于当地经济的发展。例如：如果当地有丰富的煤炭资源，就可以考虑将燃煤锅炉作为热源设备；如果地热资源丰富，就可以考虑将地热泵或地热发电厂作为热源设备。

（三）环境影响

随着人们环境保护意识的提高，选择环保型的热源设备已成为必然趋势，应优先选择低排放、低噪声、低能耗的热源设备，以减少对环境的负面影响。同时，对于大型采暖系统，还应考虑配置废弃物处理和回收装置，以实现资源的循环利用。

（四）技术经济比较

在选择热源设备时，应进行技术经济比较，综合考虑初投资、运行费用、维护管理等因素。然后通过比较不同方案的经济效益和可行性，选择综合成本较低、技术成熟可靠的方案。这有助于确保采暖系统的长期稳定性和经济性。

（五）政策和法规

在设计采暖系统时，应充分了解国家和地方的政策和法规，确保热源设备选择符合相关规定和标准。这有助于避免因违反法规而产生的法律风险和经济损失。

二、热网设计

热网是连接热源设备与用户的"桥梁"，其设计的合理性直接关系到采暖系统的效率和稳定性。在热网设计过程中，应注意以下几点：

（一）管径选择

根据采暖系统的流量和流速要求，选择合适的管径是热网设计的关键环节。管径过大会增加材料成本，而管径过小则可能影响流量和压强，导致供热效果不佳，因此应进行详细的水力计算和管径优化，以确定合适的管径。

（二）管材选择

根据采暖系统的温度和压强要求，选择合适的管材至关重要。不同管材具有不同的耐压能力和耐温性能，应根据实际需求进行选择。例如：钢管具有较高的强度和耐压能力，适用于高温高压的场合；而塑料管则具有较好的耐腐蚀性能和较轻的重量，适用于低压场合。

（三）敷设方式

敷设方式的选择对热网的稳定性和经济性具有重要影响。根据地形、地质、交通等实际情况，选择合适的敷设方式可以提高采暖系统的可靠性，降低投资成本。其中，直埋敷设是一种常用的方式，具有占地少、造价低、保温效果好等优点，能够满足大多数采暖系统的需求。

（四）热补偿与保温

热补偿与保温是热网设计中不可忽视的环节。设置合适的热补偿装置，可以减小由温度变化引起的管道热胀冷缩程度，从而降低管道应力损失和设备损坏的风险。同时，做好管道的保温工作可以减少热量损失，提高供热效率，并防止管道腐蚀，延长管道的使用寿命。

（五）控制与调度

随着技术的发展，自动化和智能化已成为采暖系统的发展趋势。设计先进的控制系统可以实现远程监控和自动化控制，提高采暖系统的稳定性和可靠性。通过实时监测和调整，可以确保供热质量稳定，并减少能源消耗，降低运行成本，同时也有利于提高供热服务水平和用户满意度。

（六）水力工况与热力工况

水力工况与热力工况是影响热网稳定性的重要因素。在热网的设计过程中，应充分考虑水力工况与热力工况的变化，进行必要的模拟和优化。这有助于提高采暖系统的稳定性，防止出现水力失调和热力失调现象，从而保证供热的可靠性和均匀性。

（七）安全性

为了确保供热管网的安全，应采取一系列必要的措施。设置安全阀、减压阀、紧急切断阀等设备可以应对可能出现的异常情况，如超压、泄漏、火灾等。此外，还应加强设备的维护和检修工作，确保设备的正常运行。同时，建立完善的安全管理制度和应急预案也是必不可少的。

（八）经济与环境评价

应对设计的热网进行全面的经济与环境评价，包括投资成本、运行费用、环境影响等方面。通过评价，不断优化设计方案，可以实现经济效益和环境效益的平衡。

三、散热设备选择

散热设备是采暖系统的重要组成部分，其选择对采暖系统的性能、效率和舒适度具有重要影响。在选择散热设备时，需要综合考虑多个因素，包括散热需求、设备性能、安装条件、经济性和环保性等。下面将详细介绍散热设备选择的相关要点。

（一）散热需求

散热需求通常取决于建筑物的类型、用途、占地面积、高度以及所在地的气候条件等。需要根据实际需求选择合适的散热设备。例如，对于高层建筑，由于存在较大的高度差和风力影响，因此需要选择具有较强抗风能力的散热设备。

（二）设备性能

散热设备的性能是选择时需要考虑的关键因素。性能优良的散热设备可以更快地将热量传递给室内环境，提高供热效率，同时降低能耗。在选择散热设备时，需要关注以下几个方面的性能指标：

（1）传热系数：表示散热设备传递热量的能力，传热系数越高，设备的散热性能越好。

（2）空气流通量：指散热设备允许空气通过的能力，对于散热器来说，空气流通量越大，散热效果越好。

（3）噪声水平：散热设备运行时产生的噪声也是需要考虑的因素之一，应选择低噪声的设备以提高室内环境的舒适度。

（4）耐压能力：指散热设备能够承受的最大压强，应选择具有较强耐压能力的设备，以保证系统的安全稳定运行。

（三）安装条件

安装条件是选择散热设备时需要考虑的重要因素。不同的散热设备对安装空间、管道连接、电源等条件有不同的要求。在选择散热设备时，需要确保所选设备能够适应实际的安装条件，同时考虑安装和维护的便利性。例如，对于空间有限的房间，可以选择体积较小的散热器或地暖等隐蔽式散热设备。

（四）经济性

经济性是选择散热设备时需要考虑的重要因素。在选择散热设备时，需要对不同设备的初投资、运行费用和维护成本进行综合考虑。初投资包括设备的购买费用和安装费用，运行费用与设备的能耗等相关，维护成本则涉及设备的维修和更换费用。通过比较不同设备的经济性指标，可以选择性价比较高的散热设备。

（五）环保性

随着人们环保意识的提高，环保性已成为选择散热设备时需要考虑的重要因素。在选择散热设备时，应优先选择符合环保标准的设备。例如，采用环保型材料的散热器可以减少对环境的影响。同时，对于废旧设备的处理也应符合环保要求，以减少对环境的破坏。

第二节　通风系统的设计要点

一、风量计算

风量是通风系统中的重要参数，它决定了通风系统的送风量和排风量。风量计算是通风系统设计的首要步骤，需要根据建筑物的功能、使用情况、室内人数、换气次数等参数进行计算。在通常情况下，先根据室内外空气焓差和换气次数进行计算，得出总送风量，再根据各个区域或房间的换气需求，分配各个风口的风量。

在进行风量计算时，具体需要考虑以下几个因素：

（1）建筑物的功能和使用情况：不同用途的建筑物对通风的需求不同。例如，人员密集的场所需要较多的新风来维持良好的空气品质，而工艺性场所需要根据生产设备的排风需求进行计算。

（2）室内人数和人员分布情况：人员产生的热量和二氧化碳等是设计通风系统时需要考虑的重要因素。需要根据室内人数和人员分布情况，合理计算各个区域的换气需求。

（3）换气次数和送风方式：换气次数决定了通风系统的送风量，而送风方式决定了送风量的分配。需要根据实际情况选择合适的换气次数和送风方式，以满足各个区域的通风需求。

（4）室内外空气焓差：室内外空气焓差决定了通风系统的能耗。在满足通风需求的前提下，应尽量减小室内外空气焓差，以降低通风系统的能耗。

二、风口选择与布置

在通风系统的设计中，风口的类型和布置方式等对于通风效果和室内环境有着至关重要的影响。风口选择与布置的要点如下：

（1）风口类型的选择：需要根据实际需求选择合适的风口类型。例如：在需要大面积送风的情况下，可以选择散流器；在需要局部送风或排风的情况下，可以选择百叶风口或球形风口。此外，还需要考虑风口的噪声、风向调节等性能参数。

（2）风口布置的原则：风口的布置需要遵循一定的原则，以保证气流组织的合理性和室内环境的舒适度。首先，风口的位置应尽量设置在人员活动区域附近，以提供足够的舒适度。其次，应避免送风短路和死角，保证气流分布的均匀性。最后，还需考虑室内美观和空间利用等因素，合理布置风口位置。

（3）风口数量的确定：需要根据实际的通风需求和室内环境来确定风口

数量。在保证通风效果的同时，也要避免过多的风口导致噪声增大和维护困难等问题。

（4）考虑气流组织：合理的气流组织可以提高通风效果和室内环境的舒适度。应根据实际情况选择合适的气流组织方式，如上送上回、下送上回等，以保证气流分布的均匀性和舒适度。

三、通风设备选择

通风设备的选择直接关系到通风系统的性能。在选择通风设备时，需要考虑以下几个因素：

（1）设备性能参数：需要了解设备的性能参数，如能效比、噪声、风量、全压、功率等，并根据实际需求进行选择。例如：在选择通风设备时，需要了解设备的能效比，尽量选择能效比较高的设备，以降低能耗和运行成本；设备噪声对室内环境和使用者的舒适度有很大影响，在选择通风设备时需要尽量选择低噪声的设备，以减少对室内环境的干扰，提高舒适度。

（2）设备类型：要根据实际需要选择合适的设备类型。例如：离心式通风机具有较高的送风压强和流量，适用于送风距离较长、阻力较大的场合；而轴流式通风机则具有体积较小、结构简单等特点，适用于送风距离较短、阻力较小的场合。

（3）设备可靠性：设备可靠性是选择通风设备的重要因素。在选择设备时，需要了解设备的故障率、维护要求等信息，以确保设备稳定运行，减少维护成本。

第三节　空调系统的设计要点

空调系统的设计是现代建筑设计的一个重要组成部分，其设计的好坏既会影响初投资的大小，也会影响空调系统的使用效果。空调系统的设计要求不能一概而论，而要根据使用场所来确定。下面介绍几类常见建筑的空调系统的设计要点。

一、旅馆、公寓等居住建筑

设计旅馆、公寓等居住建筑的空调系统时应考虑：

（1）室内上部、下部温度的均匀性，切勿有吹风感。

（2）空调设备应选用噪声及振动较小者。尤其是夜深人静时，卧室内出风口处的噪声不宜太大。这在旅馆客房中采用风机盘管时容易达到，但在公寓中采用空调系统时，就必须有相应的消声措施。而且空调机房应设在远离卧室处。当采用立式接风管的整体或分体机组时，空调设备应设在有隔声设施的房间内。

（3）各房间应能够单独调节与启停。旅馆客房多用风机盘管，可以做到按客人的需要自由调节室温，也可以在客人离开房间时停掉风机盘管，以降低能耗。

二、办公建筑

设计办公建筑的空调系统时应考虑：

（1）平面上的内外分区。现代建筑特别是办公建筑，占地面积越来越大，层数越来越多。在每层的平面上设置空调系统时，必须按内外区分别设置，一般距外围护结构5 m以内的为外区，距外围护结构5 m以上的为内区。因为内外区的空调负荷特性不同，所以空调系统应当分开设置。有的建筑也可以按朝向分区。分区太多会增加设备的初投资，但是合理分区可以节省运行费用。

（2）过渡季节的运行问题。我国幅员辽阔，有不少地区一年内有明显的过渡季节。例如，在秋季，外区可以不用冷源，但内区仍需要降温，这时应有降温的手段，设计空调系统时应考虑将室外空气直接送入内区的可能。此外，设计冷源时，要考虑最小负荷时的运行工况。

（3）节假日个别楼层或某办公室加班问题。这个问题不好解决，为此只能不设太大的集中空调系统，最好能够分层设空调系统或每层分区设空调系统。

（4）系统的灵活性。特别是出租性质的办公楼，由于不同业主的业务性质不同，其对空调的要求不一样，室内布置也不一样，内隔墙的位置经常变更，空调负荷也多变化。因此，设计这类办公建筑时选用的设备容量要留有余地，设备配置要大小搭配，系统分布上要机动灵活，宜优先采用顶上送风系统，送风口、回风口最好能均匀分布。

（5）敞开的大办公室内的小房间，如经理室等的个别控制问题，设计时应予以注意。

三、商场建筑

设计商场建筑的空调系统时应考虑：

（1）商场的冷负荷主要来自照明和人员发热，其数值大小视建筑的档次而定：档次高的人数少，反之人多，通常按0.5～1.0人/m²计算，照明按30～40 W/m²计算。

（2）过渡季节的通风换气十分重要，大约需要80%的排气才能满足卫生要求。因此，商场宜采用双风机系统，或单风机加排风机系统。

（3）商场出入口处人流量很大，一年四季大门敞开，冬季流入大量冷空气，夏季流入大量室外热气，会增加空调负荷。多年的经验告诉我们，大门口设置冷热风幕是解决这一问题的好办法。风幕的出风口风速不能太大，也不能太小，大了会吹掉顾客的帽子，小了挡不住室外气流的入侵。工程实践证明，风幕的出风口风速最好为4～5 m/s。

（4）商场中循环空气污染严重，空气过滤器以自动清洗式为佳。

四、影剧院、大会堂

设计影剧院、大会堂的空调系统时应考虑：

这类建筑中的观众厅应为单独系统，而化妆室、排练室、办公室等应另设系统。这类建筑的空调系统的消声隔振非常重要，从设备选用到风管设计都应当注意，风管内的风速一般控制在6 m/s以下。

电影放映室、灯光控制室因发热量大，应有单独的排风、降温系统，还应特别注意防火要求。

五、医院建筑

设计医院建筑的空调系统时应考虑：

（1）如何防止交叉感染。医院中何处应当为正压，何处应当为负压，设计时要注意。例如：手术室应为正压，以防脏空气流入，并且手术室内的排风口应设在手术室的下部；而放射治疗室、麻醉室应为负压，以排出密度大的麻醉气体。

（2）病房的个别控制问题。病房的温度应能个别调节。

（3）不设空调系统的医院必须有完善的通风系统。

第三章　暖通空调系统节能设计
与可持续发展

改革开放以来，我国经济社会迅速发展，但同时我国的能源资源短缺问题不容忽视。为了缓解这个问题，研究暖通空调系统节能设计，促进暖通工程可持续发展是十分必要的。

第一节　暖通空调系统的能耗问题

一、暖通空调系统的能耗分析

在建筑能耗中，暖通空调系统的能耗占了相当大的比重。因此，对暖通空调系统的能耗进行深入分析，是实现节能减排的关键。

（一）暖通空调系统的能耗构成

暖通空调系统的能耗主要由以下几个部分构成：

（1）冷热源设备能耗：主要包括制冷机、锅炉等设备的能耗。冷热源设备的能耗与系统的设计、运行工况以及外界环境条件等因素密切相关。

（2）输送系统能耗：主要指水系统、空气处理设备以及各种辅助设备，如水泵、风机等的能耗。这部分能耗与系统的输送能力和运行方式有关。

（3）末端设备能耗：包括风机盘管、空调箱、暖气片等末端设备的能耗。这部分能耗与室内外温湿度、人员负荷等因素有关。

（4）控制系统能耗：用于控制整个暖通空调系统的能耗，包括传感器、控制器、执行器等设备的能耗。控制系统的能耗虽然占比不大，但对整个系统的能效和稳定性具有重要影响。

（二）暖通空调系统能耗的主要影响因素

影响暖通空调系统能耗的因素多种多样，主要包括以下几个方面：

（1）环境因素。环境是影响暖通空调系统能耗的重要因素。室外气候条件，如温度、湿度、太阳辐射等，对系统的能耗有显著影响。例如：夏季室外温度越高，空调系统的能耗越大；冬季室外湿度越大，采暖系统的能耗越大。

（2）建筑物设计因素。建筑物的设计对暖通空调系统的能耗有很大影响。建筑物的保温性能、隔热性能、窗户面积比等都会影响其热负荷和冷负荷，从而影响暖通空调系统的能耗。

（3）系统设计因素。系统设计对暖通空调系统的能耗有很大影响，如冷热源设备的选择、输送系统的设计、末端设备的配置等都会影响系统的能耗。合理的系统设计可以降低暖通空调系统的能耗。

（4）运行管理因素。运行管理的质量对暖通空调系统的能耗有很大的影响，如人员操作水平、设备维护状况、运行策略等都会影响系统的能耗。良好的运行管理可以减少能源浪费。

（5）设备性能因素。设备性能也是影响暖通空调系统能耗的重要因素，采用高效节能的设备可以降低系统的能耗。

二、暖通空调系统能耗高的原因分析

（一）设计不合理

设计不合理是导致暖通空调系统能耗高的主要原因。在进行系统设计时，由于缺乏经验、考虑不周等，会出现系统设计不合理的情况，如冷热源设备选择不当、水泵配置过大、管径不合适、保温材料选择不当等。这些设计上的问题往往会导致系统运行效率低下、能耗增加。

（二）运行管理不善

除了设计方面的问题，运行管理不善也是导致暖通空调系统能耗高的重要原因。在系统运行过程中，缺乏专业的操作人员和维护人员，或者操作人员技能水平不足，可能导致系统运行参数设置不合理，如温度设定过高或过低、新风量配给不当等，从而造成能耗增加。此外，在系统运行过程中，缺乏有效的监控和调节手段，也会导致能耗增加。

（三）设备老化与维护不足

暖通空调系统设备的种类和数量较多，长期使用难免会出现设备老化和损坏的情况。如果系统的维护保养工作不到位，或者设备老化后未能及时更换，就会使系统的运行效率下降，能耗增加。例如，制冷剂泄漏、过滤器堵塞、水泵效率下降等都会导致系统能耗增加。此外，如果设备的质量不高，或者选用不当，则也会影响系统的运行效率，增加能耗。

（四）使用者的不良行为习惯

使用者的不良行为习惯也会导致暖通空调系统能耗高。在暖通空调系统的使用过程中，使用者缺乏节能意识，不注意调节系统参数，或者长时间开启空调等设备，都会导致系统能耗的增加。此外，使用者的行为习惯还会影响新风量的配给，如果新风量不足或过大，就会影响室内空气质量和系统能耗。因此，为了降低能耗，需要提高使用者的节能意识，加强节能宣传和教育，引导使用者养成良好的行为习惯。

（五）系统配置与负荷不匹配

系统配置与负荷不匹配也是导致暖通空调系统能耗高的原因之一。在进行系统设计时，需要根据建筑物的负荷特性进行计算和分析，合理配置系统，以便系统的运行效率达到最优，降低能耗。如果设备配置不当或者选型不合理，就会导致系统运行效率低下，能耗增加。例如，在冬季供暖时，如果热水的温度设置过低，就会导致锅炉的运行效率下降，能耗增加。

第二节　暖通空调系统节能设计的
原则与关键

一、暖通空调系统节能设计的原则

（一）节能减排原则

在进行暖通空调系统节能设计时，要在不改变现有系统的情况下，对设备或工作原理进行优化处理，从而达到节能环保的目的。

首先，建筑行业的经营者和设计人员在解决暖通空调系统的优化问题时，必须严格遵照国家提出的节能减排标准，同时采用必要的节能手段和方法，以实现对能源的充分利用。

其次，还需要严格遵循国家制定的建筑行业规范准则，最大限度地减少暖通空调系统在实际运作时释放的废气等排放物对环境造成的污染。

再次，要最大限度地运用空调系统中的传感器、温控器、调节阀等设施对空调实现节能调控；要定期对空调系统进行优化升级，进而达到节能减排的效果。

最后，在建筑设计过程中，不能过于依赖暖通空调设备对建筑内部的空气环境进行调整，而是需要充分利用当地的自然资源，如太阳能、风能和地热能等，从而尽可能降低对石油、煤、天然气等不可再生资源的耗费，进一步实现暖通空调系统的节能目的，促进暖通空调系统的可持续发展。

（二）协调性原则

由于暖通空调系统属于复合型系统，而不是独立存在的装置，它包含了环保系统、温度调节系统、湿度调节系统、空气净化系统和空气循环系统等，具有繁杂性和特殊性，因此在进行暖通空调系统节能设计时对设计人员的要求较高，需要设计人员在设计前期对建筑内外环境进行全面勘察，充分考虑当地环境以及建筑的具体情况，之后再对暖通空调系统进行规划与设计。在全面掌握各个工艺技术原理的前提下，根据绿色低碳、节能环保的建筑设计标准，对其系统内部进行协调性设计。另外，要按照不同调控系统的设计特质，强化暖通空调系统和其他调控系统之间的联系，进而实现暖通空调系统的协调性，使得建筑与生态环境能够和谐共生。

（三）循环再利用原则

在进行暖通空调系统节能设计时，不仅要遵循节能减排和协调性原则，还需要强调能源资源的循环再利用原则。例如，在传统暖通空调系统设计中引入循环功效设计理念，丰富该设计的应急处理方案，使整个系统变成一个良性的出入系统，进一步提升能源资源的重复利用率，从而实现暖通空调系统的节能减排目的。

（四）舒适性原则

暖通空调系统最主要的作用是改善人们的生活环境，尽可能为人们提供健康、舒适的居住环境，从而减小建筑自身的排放物对人体造成的危害以及对生态的破坏。因此，在进行暖通空调系统节能设计时应遵循舒适性原则。

二、暖通空调系统节能设计的关键

（一）热源及热源设备设计

1.热源的选择与配置

热源的选择与配置对整个系统的能效具有很大的影响。在暖通空调系统节能设计过程中，应当根据建筑物的功能需求、地理位置、所在地的气候条件等因素进行综合考虑，以选取合适的热源配置方案。

随着人们环境保护意识的提高，可再生能源已经成为暖通空调系统节能设计所重点考虑的热源。可再生能源包括太阳能、风能、地热能等，具有清洁、可再生的特点。在节能设计过程中，应当充分考虑当地的气候条件，因地制宜地利用可再生能源，如可以利用太阳能进行供暖和热水供应等。合理利用可再生能源，可以显著减少环境污染，同时也可以提高暖通空调系统的环保性能。

2.热源设备的优化组合

热源设备的优化组合是暖通空调系统节能设计的重要环节。在节能设计过程中，应当根据建筑物的实际需求，对各种热源设备进行优化组合，以实现能效的提升。热源设备的优化组合应当遵循以下几个原则：

（1）优先选用高能效比的热源设备，以提高系统的整体能效。

（2）根据建筑物的实际需求，合理选择热源设备的容量，避免热源设备容量过大造成的能源浪费或容量过小导致的供热不足。

（3）考虑热源设备的初投资和运行费用，选用性价比高的热源设备。

（4）考虑热源设备的环保性能，优先选用环保型的热源设备。

（二）输配系统设计

输配系统是暖通空调系统的重要子系统，其设计的合理与否直接影响到整个暖通空调系统的能效。因此，输配系统的设计是暖通空调系统节能设计的关键。

1.输配系统的节能措施

在输配系统设计中，可以采用以下几种节能措施：

（1）合理选择管材：根据系统的需求，选择具有高保温性能、低热损的管材，以减少输送过程中的能量损失。

（2）控制输送阻力：合理设计管路布局，减少输送过程中的阻力。

（3）采用变频技术：通过变频器对输配系统的电机进行调速控制，实现按需输送，避免能源浪费。

（4）优化水泵配置：根据系统的实际需求，合理选择水泵的容量，避免水泵过大造成的能源浪费。

2.输配系统的能效优化

能效是评价输配系统性能的重要指标，能效优化是输配系统节能设计的核心内容。在实际设计中，可以采用以下几种方法优化输配系统的能效：

（1）提高输配系统的效率：通过选用高效的水泵和风机等措施，提高输配系统的效率。

（2）采用变流量技术：根据实际需求，采用变流量输配系统，实现按需输送，提高输配系统的能效。

（3）加强运行管理：定期对输配系统进行维护和保养，确保系统正常运行，避免因设备故障而降低系统能效。

（三）末端设备选择与配置

末端设备是暖通空调系统中直接与室内环境接触的部分，其选择与配置对室内环境的舒适度和整个暖通空调系统的能效有着直接的影响。因此，末端设备的节能设计也是整个暖通空调系统节能设计的关键。

1.合理选择末端设备

应当根据实际需求和室内环境要求进行综合考虑，以选择合适的设备。具体来说，需要考虑以下几个因素：

（1）室内负荷：根据室内空间、人数等实际情况，计算出室内所需的冷热量，从而选择合适的末端设备。

（2）设备噪声和振动：在选择末端设备时，应当考虑设备运行时的噪声和振动对室内环境的影响，尽量选用噪声低、振动小的设备。

2.优化气流组织与送风方式

气流组织与送风方式对室内环境的舒适度和暖通空调系统的能效有着很大影响。因此，在节能设计过程中，应当对气流组织与送风方式进行优化。具体来说，可以采用以下几种措施：

（1）合理布置送风口和回风口：根据室内环境和气流组织要求，选择合适的送风口和回风口位置，以保证室内空气流通，提高室内环境的舒适度。

（2）采用变风量系统：根据室内负荷的变化，采用变风量系统进行送风，以实现按需输送、降低能耗。

（3）采用个性化送风方式：根据个人的舒适度需求，采用个性化送风方式，避免过度送风导致的能源浪费。

（4）定期对风口进行清洗和维护：保证风口畅通，降低阻力，提高送风效率。

（四）控制与智能化设计

控制与智能化设计是实现暖通空调系统节能设计的重要手段。采用智能控制系统和优化控制策略，可以实现对暖通空调系统的实时监控、调节和管理，从而达到节能减排的目的。

1.智能控制系统的应用

智能控制系统是利用计算机技术、传感器技术、通信技术等，实现对暖通空调系统的智能化管理和控制。通过智能控制系统，可以实时监测室内外环境参数、设备运行状态等数据，并根据预设的控制策略使系统进行自动调节，以达到节能减排的目的。智能控制系统的应用，不仅可以提高暖通空调系统的运行效率，还可以降低人工管理成本，提高系统的可靠性和稳定性。

2.自适应控制策略的优化

自适应控制策略是一种基于实时监测数据的控制系统优化方法。自适应控制策略的优化主要包括以下几个方面：

（1）控制参数的优化：根据实时监测数据，调整控制参数，以实现最优的控制效果。

（2）控制算法的优化：采用先进的控制算法，如模糊控制、神经网络控制等，以提高控制系统的智能化和自适应性。

（3）系统模型的优化：建立更为精确的系统模型，以提高控制系统的预测和控制精度。

自适应控制策略的优化，可以进一步提高暖通空调系统的节能效果和运行效率，同时还可以提高系统的稳定性和可靠性，降低故障率，延长设备的使用寿命。

第三节 暖通空调系统的
节能运行与维护

一、暖通空调系统的节能运行策略

（一）合理设定运行参数

1.温度与湿度的设定

暖通空调系统的能耗主要取决于系统的运行环境和运行参数。其中，温度和湿度是最关键的两个参数。

在满足环境舒适度要求的前提下，合理设定室内温度，可以降低暖通空调系统的能耗。例如：在夏季适当提高设定的室内温度，可以减小制冷负荷，降低能耗；而在冬季适当降低设定的室内温度，可以减小采暖负荷，降低能耗。

此外，湿度的合理控制也会显著影响系统的能耗。在干燥的地区，适当降低设定的湿度可以减小设备的负荷，降低能耗；而在潮湿的地区，适当提高设定的湿度可以减小设备的负荷，降低能耗。

2.新风量的控制

新风量是另一个重要的运行参数。新风量过多会导致能耗增加，因为需要更多的能量来处理新空气；而新风量过少则可能影响室内空气质量，导致人们感到不舒适。因此，需要根据实际需求和环境条件，合理控制新风量。例如：在过渡季节，可以适当减少新风量，利用自然通风来满足室内空气需求；而在冬季，则需要适当增加新风量，以避免室内空气过于干燥。

3.避免过度调节与频繁开关机

过度调节与频繁开关机也是导致暖通空调系统能耗增加的主要原因之一。

用户常常因为追求快速达到舒适环境而过度调节系统，例如突然调低温度或调高风速等，这种行为不仅增加了系统能耗，还可能对系统造成不必要的负担。同样，频繁开关机也会增加系统能耗。因此，用户应养成良好的使用习惯，避免过度调节和频繁开关机，以实现暖通空调系统的节能运行。

（二）优化运行模式

1.自动化控制与智能化管理

随着技术的发展，自动化控制与智能化管理已经成为暖通空调系统节能运行的重要手段。通过自动化控制，系统可以根据室内外环境参数和用户需求，自动调节运行参数，如温度、湿度、风速等，从而在满足舒适度要求的前提下，降低系统能耗。而智能化管理则可以通过对大量运行数据的分析，预测未来的环境需求和系统负荷，提前进行相应的调节和控制，从而进一步提高系统的运行效率。

2.区域协同与联动控制

对于大型建筑群或区域供冷/采暖系统，可以通过区域协同与联动控制的方式，实现整个区域内的能源优化配置和调度。通过统一管理和调度各个建筑或楼宇的暖通空调系统，可以更好地利用能源，避免能源浪费。例如，在冬季供暖时，可以通过集中控制，根据各建筑的实际需求和室内外温度，合理分配能源，确保整个区域内的舒适度和能耗最优化。

3.需求响应与节能调度

需求响应与节能调度是根据用户的需求和系统的实际运行情况，合理调度和控制暖通空调系统的方法。可以建立需求响应机制，引导用户养成良好的能源使用习惯，减少不必要的能源消耗。同时，根据系统的实时运行状态和环境参数，可以进行智能节能调度，确保系统始终处于最佳的运行状态。例如，在过渡季节，当室外温度适宜时，可以关闭暖通空调系统，利用自然通风来满足室内温度需求。

（三）能耗监测与数据分析

1.实时监测各子系统的能耗情况

通过对暖通空调系统的各个子系统进行实时监测，能够及时了解各部分的能耗情况，从而采取有针对性的节能措施。通过安装智能仪表和传感器，可以实时收集各子系统的水、电等能源消耗数据，并进行汇总和分析。

2.数据挖掘与节能潜力分析

对收集到的能耗数据进行深入挖掘，可以发现系统的节能潜力。通过分析历史数据，可以了解系统的运行规律和能耗变化趋势。在此基础上，可以进行节能潜力分析，识别出具有较大节能潜力的环节和设备，制订相应的优化方案。此外，数据挖掘还有助于发现潜在的能耗问题，如设备故障或运行参数设置不当等，使管理人员可以及时进行处理。

3.优化能耗分配与调度策略

通过能耗监测和数据分析，可以进一步优化系统的能耗分配与调度策略。根据实际的能耗数据和需求变化，可以制订出更为合理的能耗调度计划，实现能源的合理配置和利用。

例如，在用电高峰期，可以优化设备的运行时间，尽量减少在高峰时段的使用，从而降低电费支出。此外，还可以根据室内外温度、湿度等参数，调整设备的运行状态和能耗参数，实现精细化的节能控制。

二、暖通空调系统的维护保养措施

（一）定期清洁

1.过滤器、冷凝器等关键部件的清洁

过滤器和冷凝器是暖通空调系统的重要组成部分，容易积聚灰尘和杂物，影响系统的正常运行。因此，需要定期对这些部件进行检查和清洁。例如：定期清洗和更换过滤器，以防止灰尘和杂物堵塞过滤器，影响空气的正常流动；对于冷凝器，需要定期清洁散热片，确保散热效果良好，同时要关注冷凝器的管道是否有堵塞或渗漏现象，如果有应及时进行处理。

2.水系统、风系统的清洁

水系统和风系统也是维护保养的重点。对于水系统，要定期检查管道是否有漏水现象，清理水箱和水泵，保证水质清洁。对于风系统，要定期清洁回风口和滤网，去除灰尘和微生物，防止其进入空调系统内部，影响空气质量和系统运行。

（二）设备润滑与紧固

1.定期对转动设备进行润滑

暖通空调系统中的许多设备，如风机、水泵等，都是通过转动来工作的，这些设备的正常运行离不开良好的润滑。因此，定期对转动设备进行润滑是非常必要的。要根据设备的不同特性，选择合适的润滑油或润滑脂，按照规定的润滑周期和润滑方法进行润滑。同时，要关注设备的运行状态，如果出现异常的摩擦声或转动不灵活的现象，应及时进行检查。

2.检查并紧固关键连接部位

暖通空调系统中的许多设备是通过管道、连接件等相互连接的。这些连接部位如果松动或泄漏，不仅会影响设备的正常运行，还可能引发安全事故。因此，定期检查并紧固关键连接部位是非常重要的。对于管道连接处、法兰、阀门等关键部位，要定期进行检查，确保连接紧固、无泄漏。发现松动的连接部位，应及时进行紧固或更换。同时，要关注连接部位的材料和腐蚀情况，对于腐蚀严重的部位要及时进行更换。

（三）预防性维护与保养

1.根据设备磨损规律制订维护计划

暖通空调系统中的设备，随着运行时间的增加，会出现磨损现象。为了确保设备的正常运行，需要根据设备的磨损规律制订维护计划。通过定期检查设备的运行状态、记录设备的运行数据，分析设备的磨损情况，制订相应的维护计划。对于易损件，如过滤器、密封圈等，应定期进行更换，以防止设备故障的发生。

2.对系统性能进行定期检测与调整

暖通空调系统的性能，直接影响到室内环境的舒适度和系统能耗。因此，对系统性能进行定期检测与调整是非常必要的。通过定期检测系统的运行参数、制冷/制热效果等，可以了解系统的性能状况。对于性能下降或参数异常的设备，应及时进行维修或更换。同时，根据系统的运行情况和环境变化情况，适时调整系统的运行参数和模式，以确保系统的高效运行，提高室内环境的舒适度。

第四节　暖通空调系统与可持续发展

一、暖通空调系统与绿色建筑

回顾建筑发展史，可以看到从远古时代到工业革命之前，建筑仅是遮风避雨的掩蔽所，工业革命之后，新材料、新设备不断进入建筑行业。电梯、空调等现代文明的设施，使西方国家富裕起来的人们有条件去追求建筑的舒适性，从此进入了所谓"舒适建筑"阶段，进而出现了全封闭的完全靠空调和人工照明来维持室内环境而与自然界隔绝的人造生物圈式的所谓"现代化"建筑。然而，20世纪70年代的第四次中东战争，使赖以维系这种人工环境的能源供应产生了危机。于是，西方国家不得不降低供暖设定温度，减少新风量。20世纪80年代出现的智能化大楼又将"白领"工人的劳动生产率与室内环境品质联系起来，西方国家又开始研究"健康建筑"，研究室内空气品质。在这个阶段，尽管建筑能耗有所回弹，但更多的研究还是集中在如何提高能源利用率上面。而信息技术的引入又使得提高效率、降低能耗有了可靠的保证。

可持续发展理论的提出，使人们开始反思，并认识到此前的建筑发展历程实际上是人类在不断地与自然界抗衡，是人类以不可再生的能源作为武器与自然界作斗争，其结果是人与自然两败俱伤，于是学者们提出了"绿色建筑"（或"可持续建筑"）的概念。这种建筑充分利用了可再生的材料和能源，亲和自然（利用自然通风和天然采光），尽量不破坏环境和文化传统，保护居住者的健康，充分体现了可持续发展的理念。

但是，推行绿色建筑面临着来自技术方面和经济方面的双重挑战。从经济学的角度来看，绿色建筑所要解决的是经济的外部性问题。绿色建筑包含了当代人对后人在道德上的责任与承诺，然而在推行绿色建筑时，仅靠道德的力量是不够的，还要有经济利益的驱动。为了使推行绿色建筑成为人们的自觉行动，需要将外部成本内部化，需要通过市场机制抑制外部不经济性；要使人们认识到，绿色建筑不仅对后人有利，对自己也是有利的。然而，在传统的成本-价值评价体系下，由于政策导向不明确，价格信号不一致，市场信息不充分，风险因素不确定，因此决策者很难下决心投资绿色建筑。在这方面影响绿色建筑顺利推行的主要因素如下：

（1）初始成本的增加。例如，英国的工料测量师普遍认为，绿色建筑的初始成本要比传统建筑高5%～10%。如此高的初始成本增加值往往会使投资者望而却步。

（2）建筑物市场价值的降低。例如，采用自然通风和自然采光的绿色建筑方案会使房屋的使用面积减少15%左右，其租金也往往低于"现代化"的房屋。此外，采用绿色设计方案也可能会在一定程度上影响住户的舒适度和工作效率，进而影响建筑物的市场价值。

（3）建筑市场中不同的利益主体具有不同的成本观，因而对寿命周期成本的态度也不同。例如，房地产开发商往往把短期经济效益放在首位，对他们而言，绿色建筑、节能和环保往往只是一种促销手段。住户则不仅关心项目的初投资，而且十分注重建筑物的环保、节能效果和运行、维护费用。

因此，在传统的成本-价值体系下推行绿色建筑在经济上是不合算的，因而很难成为人们的自觉行动。如果没有完善的激励机制，环境法规就容易得不到严格遵守，先进技术就会失去其市场价值而得不到应用，即使得到应用，也只能停留在示范阶段而不能得到推广。因此，构建新的成本-价值体系是加快建筑业"绿色化"进程的重要前提。

发达国家的经验证明，寿命周期成本法、环境评估与绿色标签制度及一体化设计方式等的应用有利于转变人们传统的思想观念和价值体系，通过市场机制抑制外部不经济性，克服传统的成本-价值体系的弊端，促进绿色建筑的发展。寿命周期成本法和环境评估与绿色标签制度有助于人们形成新的成本-价值观，一体化设计方式可以为绿色设计的实施提供保证。这些方式、方法、制度的操作性很强，而且在理论上和技术上都已相当成熟，在发达国家已取得良好的应用效果。

建筑领域是我国能源消耗和碳排放的重要领域，同时也是我国实现碳达峰、碳中和的重要力量。目前，我国建筑业创新驱动和绿色发展持续发力。技术创新引领产业转型升级，建筑业产业链现代化水平不断提高。为促进建筑领域节能减排，我国加快打造绿色建筑，建筑产业"绿色"占比持续提升。住房和城乡建设部最新数据显示，截至2022年上半年，我国新建绿色建筑面积占新建建筑的比例已经超过90%。如今，借助"浅层地热能"等先进技术手段，我国绿色建筑实现跨越式增长，在擦亮"低碳环保"新名片的同时，还改变着人们的生活。我国还将持续开展绿色建筑创建行动，进一步提升绿色建筑占比；推进既有建筑绿色化改造，提升建筑节能低碳水平；加强建筑运行的管理，降低建筑运行的能耗。

而要推行绿色建筑，暖通空调业的参与和努力是不可或缺的。我国大部分地区的气候与欧洲不同，夏季的高温或高湿气候仅靠自然通风是无法应对的，因而如何提高暖通空调系统整体的能效比是摆在我们面前的一个难题。

从能源角度来说的燃料电池技术、光电池技术、太阳能供暖和热水器、高效电机，从冷热源角度来说的蒸发冷却技术、区域供冷供热技术、蓄冰空调技术、地源热泵、太阳能热泵、三效和四效的吸收式制冷机、蒸发冷却技术、去湿空调技术，以及从系统角度来说的辐射供冷系统、下送风和置换通风系统、闭环路热回收热泵系统、变风量系统、变水量系统、波动风空调以及空调系统的直接数字控制等，都是各国正在着力研究和开发的技术。

二、暖通空调系统可持续发展评价

对于整个暖通空调系统的可持续发展评价，还没有具体量化的方法。因此，如何对暖通空调系统可持续发展程度做出评价是当前面临的一个急需解决的重要问题。

价值分析的特点决定了它是定性评价暖通空调系统可持续发展程度的一种方法。价值分析与可持续发展的研究对象都是产品的整个寿命周期，可持续发展要考虑技术、经济与环境之间的协调发展，价值分析致力于功能与成本的最佳匹配。从环境经济学的角度来讲，发展经济与保护环境是对立统一的关系，二者在发展中缺一不可。因此，环境保护作为价值分析的功能指标是必然的，离开了环境保护这一功能指标，价值分析就违背了我国经济发展的重要战略方针——经济发展与环境保护相互协调、相互促进。

　　国外学者提出了寿命周期地球环境负荷的概念，对建筑暖通空调系统在寿命周期中的废热排放量、温室气体排放量、酸性气体排放量、废弃物排放量以及破坏臭氧层的气体排放量等进行综合考虑。如何将这些影响量化，是以后我们要研究的重要课题。

第四章　暖通工程设计与施工阶段的
　　　　　　成本研究与控制

在工程项目全寿命周期的各阶段中，设计阶段和施工阶段是控制成本的重要阶段。采取合理措施对这两个阶段的成本进行控制是十分重要的。

第一节　暖通工程设计与施工阶段的
　　　　　　成本研究

一、设计阶段的影响因素分析

设计阶段是对工程成本影响最大的阶段，也是节约成本可能性最大的阶段。专家指出：在规划设计阶段，影响项目投资的可能性为85%；在技术设计阶段，影响项目投资的可能性为35%～75%；在施工图设计阶段，影响项目投资的可能性为5%～35%。据研究分析，设计费一般只相当于建筑工程全寿命周期费用的1%以下，但正是这少于1%的费用对投资的影响却高达75%以上。

一般而言，在满足同样功能的条件下，技术经济合理的设计，可降低5%～10%的工程造价，甚至可达20%，因此才有"笔下一条线，投资花千万"的说法。

在设计过程中，应考虑建筑物的用途、热湿负荷特点、温湿度调节和控制的要求、暖通空调机房的面积和位置、初投资和运行维修费用等多方面的因素，选定合适的暖通空调系统。

（一）暖通空调冷热源设备的选用

暖通空调冷热源设备是暖通空调系统的重要组成部分，是主要的能耗设备，也是污染环境的主要噪声源。暖通空调冷热源设备设计得好坏，直接影响到暖通空调系统的工程投资、使用效果、环境保护和运行管理。

目前，民用建筑中央暖通空调系统的投资占建筑总投资的 10% 以上，其中，冷热源设备的投资占中央暖通空调系统总投资的 50%～70%；中央暖通空调系统的电耗占建筑总电耗的 30%～60%，其中冷热源设备的电耗占中央暖通空调总电耗的 60%～80%。不同类型的暖通空调冷热源设备初投资和能耗差别很大，因此暖通空调冷热源设备的选择对降低工程造价、减少建筑能耗、降低运行费用和维护费用起着非常重要的作用。

近年来，随着城市现代化的娱乐、商贸、办公等建筑及高级公寓等大量涌现，加上原有商业建筑、办公建筑及城市民宅暖通空调使用量的增加，城市建筑暖通空调耗能量及其占城市总能耗的比重急剧增加，城市能源的供需矛盾进一步加剧。由于供暖与供冷方式，即冷热源形式直接决定了建筑暖通空调系统的能耗特点与耗能量及暖通空调系统对外部环境的影响情况，所以加强建筑暖通空调系统供暖、供冷可行方式的研究，全面客观地分析各种类型冷热源设备的特点，合理确定冷热源设备，对于控制暖通空调系统寿命周期成本有着十分重要的意义。

暖通空调冷热源设备主要有以下几种类型：

1.水冷型蒸汽压缩式冷水机组与锅炉

夏天采用水冷型蒸汽压缩式冷水机组供冷，冬天采用锅炉（蒸汽锅炉或热水锅炉）供热是目前应用最广泛的暖通空调冷热源组合方式，其基本特点如下：

（1）夏季冷水机组消耗电能实现制冷，制冷效率较高，能效比一般在 3.9～5.2 之间。

（2）冷源一般集中设置在冷冻机房，运行及维护管理方便。

（3）夏季运行需要冷却水系统，冷却水系统的冷却塔噪声与水质对环境有一定影响。

（4）这种组合方式的热源——锅炉，具有供热可靠的优点。

（5）锅炉房设置的约束因素较多，锅炉运行管理要求也较为严格。

（6）冷冻机房与锅炉房（有时还包括锅炉房烟囱）占据一定的有效建筑面积。

水冷型蒸汽压缩式冷水机组根据制冷压缩机的区别，又可分成三种主要类型：活塞压缩式冷水机组、螺杆压缩式冷水机组和离心压缩式冷水机组。三种冷水机组制冷能效比从大到小排列为：离心压缩式冷水机组（5）＞螺杆压缩式冷水机组（4.5）＞活塞压缩式冷水机组（3.9）。单位冷量的价格从大到小依次为：螺杆压缩式冷水机组＞离心压缩式冷水机组＞活塞压缩式冷水机组。以单机容量计，空调制冷量≤583 kW 时宜选用活塞压缩式冷水机组，空调制冷量为 583～1 163 kW 时宜选用螺杆压缩式冷水机组，空调制冷量≥1 163 kW 时宜选用离心压缩式冷水机组。

2.风冷热泵型冷热水机组

风冷热泵型冷热水机组的基本特点如下：

（1）夏季消耗电能以实现制冷，冬季消耗电能并同时将吸取的室外空气环境中的低位热能转化为空调热源。

（2）风冷热泵型冷热水机组夏季运行能效比为 3.4 左右，低于水冷型蒸汽压缩式冷水机组；冬季运行制热量与耗电量之比为 2.5～3.5。

（3）设置于露天屋面，不需要占用有效室内空间。

（4）无冷却水系统，安全、卫生。

（5）单机制冷量比较小，一般为 3～200 RT，有利于为用户设置独立的空调系统，便于平时计量收费。

（6）设置于屋面的热泵及循环水泵的噪声与振动对环境及下部房间有一定影响。

（7）冬季运行会由于化霜而中断工作，另外当室外温度低于－5℃时，制热量明显下降，温度更低时甚至会影响启动。

（8）热泵单位冷量价格近似为水冷式冷水机组的1.5～2倍。

3.水源热泵

水源热泵的基本特点如下：

（1）水源热泵的性能系数高于风冷热泵。

（2）如果没有废热源作为其冬季运行的低位热源，则其冬季运行时不具备节能优势。

（3）水源热泵应用于有废热源或便于采用洁净江河水的场合以及需同时供冷供热的大型建筑时，具有明显的节能意义及优越性。

（4）水源热泵可直接作为每个用户的末端设备，而需要集中维护的冷却水系统与加热系统费用有限，故水源热泵的计量相对简单些。

（5）与其他暖通空调方式末端设备的风机盘管、变风量空调器相比，水源热泵机组噪声较大。

4.外燃型溴化锂吸收式冷热水机组

外燃型溴化锂吸收式冷热水机组一般可分为热水型（＞80℃）和蒸汽型两种类型。它主要利用热能来制冷，耗电量很少，在将热电厂废热或其他废热、余热作为热源制冷时，溴化锂吸收制冷具有显著的节能价值。这种冷热源方式的主要特点如下：

（1）主要利用一次能源实现制冷，耗电量很少，约为电制冷的2%～3%。

（2）利用夏天富余的锅炉容量提供建筑夏季空调制冷所需的部分或全部能量，使锅炉等已有的设备得到充分利用，可明显减少增设空调所需的投入。

（3）运动部件少，噪声较低，维护简便。

（4）与电制冷相比，能源综合利用效率较低，约为电制冷的50%～70%。所以，除非利用废热余热，在一般场合中运用这种方式节电不节能。

（5）外燃型溴化锂吸收式冷热水机组的体积比电制冷机组大，其冷却水系统容量也比电制冷机组大 30%。

5.直燃型溴化锂吸收式冷热水机组

直燃型溴化锂吸收式冷热水机组以石油、天然气为燃料，机房布置要求比其他冷水机组高。

6.蓄冷中央空调

蓄冷中央空调系统是在传统中央空调系统中，加装一套蓄冷装置形成蓄放冷循环后的空调系统。

蓄冷中央空调系统与传统中央空调系统相比，最突出的优点是可全部或部分转移制冷设备的运行时间，从而能较大幅度地降低电网的高峰负荷、充填低谷负荷、进行移峰填谷。它一方面可在供电方提高电网运行的可靠性和经济性，以降低供电成本；另一方面可在需电方使空调用电避开电网负荷高峰时段的高价电力，充分利用负荷低谷时段的廉价电力，以节省电费开支。对于供电资源短缺的电网，采用蓄冷中央空调可以部分缓解电力供应的压强；对于负荷增长较快的电网，采用蓄冷中央空调能减少增建电厂和输配电系统的电力投资。对于要求较高的用户，采用蓄冷中央空调相当于设置一个备用冷源，一旦临时停电可作为应急冷源；启用蓄冷装置和自备电源可以保障主要部位的空调负荷。

蓄冷中央空调的意义主要在于"削峰填谷"，使电力消费趋于合理，减少增建发电厂所带来的经济负担和环境污染等一系列社会问题。但是，蓄冷中央空调也存在明显的缺点：一是它的系统运行效率比传统中央空调低，主要是由于它增添了蓄冷系统后增加了换热、传热和工质损失，以及冰蓄冷制冷机蒸发温度低导致制冷效率下降；二是它的占地面积比传统中央空调大，主要是由于它增加了蓄冷设备及其管路和附属部件等。

（二）建筑能耗分析

在暖通空调系统的初始投资中，主要设备投资就占整个空调系统安装工程造价的 50%～70%，空调房间冷（热）、湿负荷是确定空调系统送风量和空调设备容量的基本依据。

　　在室内外热、湿扰量作用下，某一时刻进入一个恒温恒湿房间内得到的总热量和总湿量称为在该时刻的得热量和得湿量。当得热量为负值时称为失（耗）热量。在某一时刻，为保持房间恒温恒湿需向房间供应的冷量称为冷负荷，为补偿房间失热而需向房间供应的热量称为热负荷，为维持室内相对湿度所需由房间除去或增加的湿量称为湿负荷。

　　得热量通常包括以下两个方面：

　　（1）太阳辐射进入的热量和室内外空气温差经围护结构传入的热量。

　　（2）人体、照明设备、各种工艺设备及电气设备散入房间的热量。

　　得湿量主要包括人体散湿量和工艺设备散出的湿量。

　　冷负荷与得热量有时相等，有时则不等。围护结构热工特性及得热量的类型决定了得热量与冷负荷的关系，在得热量转化为冷负荷的过程中，存在着衰减和延迟现象，这是由建筑物的蓄热能力所决定的。建筑物的蓄热能力愈强，则其冷负荷衰减愈大，延迟时间也愈长。而围护结构蓄热能力与其热容量有关，热容量愈大，蓄热能力也愈大，反之则小。

　　通过窗户进入室内的得热量有瞬变传热得热量和日射得热量两部分。其中，日射得热量取决于很多因素。从太阳辐射方面来说，辐射强度、入射角均依纬度、月份、日期的不同而不同。从窗户本身来说，它因玻璃的光学性能、是否有遮阳装置以及窗户结构等而异。此外，日射得热量还与内外放热系数有关。

　　因此，建筑的结构、材料、朝向、窗户的位置、占地面积等设计得科学与否，不仅影响空调设备的装机容量，而且影响空调系统的日常运行费用。

　　气候是影响建筑设计和能耗的一个重要因素，在人类利用暖通空调技术和设备对建筑室内环境进行调节之前，建筑设计师通常将气候条件作为建筑设计需要考虑的主要因素，科学地设计建筑的朝向、建筑入口及窗户位置和窗户面积，从节能和舒适性的角度，合理选择遮阳设施及建筑材料等。尽管这种依靠自然条件满足人的舒适性要求的设计方法被认为是被动的，但其在节能及环境保护方面的作用却是不容忽视的。然而，随着20世纪初暖通空调技术的进步，建筑设计师的设计思想不再受必须保证充足的日照及良好的通风等条件的限制。因为暖通空调设备和荧光灯照明系统可以满足人的舒适性要求，所以建筑设计师可以自由地追求其艺术风格的体现。充分艺术化的建筑设计完成以后，再进行建筑配套工程和设备的设计。结果，将本来一体化的综合设计分割为一系列独立的过程，削弱了土木建筑各专业之间的紧密联系，影响了建筑综合设计思想的贯彻执行，造成了建筑设计与气候和环境不协调，以及能源的极大浪费和环境的严重污染。而且，由于设计者一味提高安全系数，过高地估计建筑围护结构负荷、照明负荷、设备及人体负荷，造成设备装机容量过大，进一步增强了上述问题的严重性。

但是，从另一方面看，在发现自己赖以生存的城市变成了钢筋混凝土的"森林"、城市"热岛"出现、全球气温上升、大气污染严重、全球性的能源危机出现之后，人们意识到能源的可尽性决定了现代建筑中舒适生活方式的不可持续性。建筑对能源的消耗，明显违背了可持续发展原则。在长江流域，夏季炎热，冬季潮湿寒冷。过去由于经济和社会的原因，该地区的一般居住建筑没有采暖空调设施，居住建筑的设计人员对保温隔热问题不够重视，围护结构的热工性能普遍很差，冬季和夏季的建筑室内环境与居住条件较为恶劣。随着这一地区的经济发展和人民生活水平的快速提高，居民普遍自行安装采暖空调设备。由于没有科学的设计，且没有采取相应的技术措施，所以该地区冬季建筑采暖、夏季建筑空调制冷的能耗急剧上升，居民用于能源的支出大幅度增加，居住条件也未得到根本改善。随着近年来可持续发展和绿色建筑的思想逐渐深入人心，以及国家相关法律法规和行业规范的施行，这一情况目前已经有很大程度的改善。

（三）室内干球温度和相对湿度的影响分析

室内空气计算参数是空调设计的基本依据，它除了与人体舒适感和室内空气品质有关外，也与空调系统的经济性密切相关。但无论国外还是国内，有关室内空气计算参数的研究重点都集中在人体舒适感和室内空气品质方面，而对空调系统的经济性研究较少。室内空气计算参数中对空调系统一次投资和运转费用产生影响的主要是室内干球温度和相对湿度。对于室内干球温度的影响，目前国内外的观点是一致的，即空调系统一次投资和运转费用都随室内干球温度的升高而降低，但是相对湿度对空调系统经济性的影响却较少有人研究。国际上一些空调新技术，如低温送风系统、空调大温差技术相继被我国引进，采用这些新技术，一个突出的目的就是力图降低室内相对湿度。此外，对建筑节能、人体舒适感和室内空气品质的研究也涉及室内空气计算参数的问题，因此深入讨论室内空气计算参数的合理取值是很有意义的。

下面分别讨论室内干球温度和相对湿度对空调系统一次投资和运转费用的影响。

1.室内干球温度的影响分析

虽然空调系统一次投资和运转费用都随室内干球温度的升高而降低，但是降低的幅度并不一致。以一栋四层办公楼为例，计算出不同干球温度下，空调系统的一次投资和运行能耗：当室内相对湿度不变，干球温度由 27 ℃降至 22 ℃时，系统能耗增加了 39%，一次投资增加了 43%，即干球温度每降低 1 ℃，系统能耗增加 8%左右，一次投资增加 8.5%左右。室内干球温度降低时，空调系统一次投资和运转费用的增加幅度与系统新风比成正比，新风比增加，空调系统一次投资和运转费用的增加幅度上升；空调系统一次投资和运转费用的增加幅度与热湿比成反比，热湿比增加，空调系统一次投资和运转费用的增加幅度下降。

2.相对湿度的影响分析

相对湿度对空调系统的经济性会产生什么样的影响，有关这方面的研究成果很少。在常见条件下，当室内相对湿度由 70%降低到 35%时，一次投资减少26%。除了少数情况，如室内干球温度为 28 ℃、新风量较大时，降低室内相对湿度，空调系统的能耗略有增加之外，在大多数情况下，降低室内相对湿度，空调系统的能耗均下降。但是无论在哪种情况下，降低室内相对湿度，空调系统的一次投资都明显减少，而且降低幅度明显大于能耗的变化。因此，在常见的设计条件下，降低室内空气相对湿度，即加大送风温差，对减少空调系统的一次投资和运转费用是有利的。

（四）节能与自控的配套设施的选用

设计人员将"寿命周期成本最低"作为设计的指导思想对于控制寿命周期成本有着非常重要的意义。那么，设计所采取的一些节能措施，由此而增加的一次性投资与寿命周期成本之间就有最佳匹配的问题。节能设计应该是系统性、全局性的。对设计方案进行技术经济分析和价值分析是控制寿命周期成本最有效的方法。

20 世纪 70 年代之后，低温地板辐射供暖技术在发达国家得到了广泛的应用，不仅大量应用于饭店、商场、展览馆、体育场馆等公共建筑，而且在住宅也已经普及，甚至还应用于户外停车场、公路坡道化雪，以及花坛、草坪、饲养场及农业种植大棚等场所。

低温地板辐射供暖技术，是利用热气流的上升来保证房间活动区域内温度均匀分布，将冷风渗透对舒适性的干扰降到了最低程度，同时提高了室内的平均辐射温度，使人体接收的辐射热损失减少，提高了人体的热舒适感觉。与传统的散热器供暖方式相比，辐射供暖室内温度梯度小，通过辐射创造出的室内等感温度（辐射热和对流热对人体综合作用的实感温度）可比室内温度高 2～3 ℃；辐射供暖达到与散热器供暖相同的舒适效果，其实际室内温度可比散热器供暖的室内温度低 2～3 ℃，房间的热负荷随之减少，由此可产生相对的节能效果，这是建筑节能的有效途径之一。

二、施工阶段的影响因素分析

　　施工阶段是工程建设的一个重要阶段。在这一阶段，要将工程设计图纸变为物质形态的工程实体，需要投入大量资金和各种资源。虽然施工阶段节约的可能性已经很小，但是浪费的可能性却较大，从目前国内外的工程实践来看，施工阶段是投资容易超支的阶段。在这个阶段，以下几个方面的因素对工程成本有明显的影响：

（一）投资目标的分解（资金使用计划的编制）

　　对业主来说，项目的建设期主要是资金支出，所以现金流量计划表现为支付计划。这个计划不仅与工程进度（由成本计划确定的）有关，而且与合同所确定的付款方式（特别是付款期）有关。业主可以按照这个计划筹集和安排资金，如果资金未按时间落实，则要考虑调整施工进度或改变付款方式。项目必须在可以筹集的资金范围内安排规模、标准、实施时间，同时还要考虑在项目实施过程中特殊情况下的资金需求，如物价上涨、不可抗力、不可预见等因素。

　　施工阶段进行造价控制的基本原理是：将计划投资额作为投资控制的目标值，在施工过程中定期进行投资实际值与目标值的比较，通过比较发现问题，采取措施。为了进行比较、控制，必须有明确的目标。项目各目标的明确是通过项目资金使用计划的编制来确定的。编制一份科学合理的资金使用计划，是落实项目投资目标、控制工程实际支出的首要条件。

（二）不同的施工方案对成本的影响

　　施工方案的优化选择是降低工程成本的主要途径之一。施工方案不但会影响项目的工期和质量目标，也会显著影响项目的成本。施工方案的确定主要包括施工方法的确定、施工机具的选择、施工顺序的安排和施工平面的布置。确定合理的施工顺序，是拟定施工方案和编制施工进度计划需要考虑的主要问题。合理安排施工顺序可以提高人、材、机械等的使用效率，防止窝工，均衡资源的使用，从而直接降低项目造价。合理安排施工顺序在不影响总工期的情况下，可以通过对非关键线路工序的调整，进行资源的优化，达到降低工程成本、合理安排资金使用的目的。

（三）工程计量

工程计量是控制项目投资支出的关键环节。工程师对承包单位报送的工程款支付申请表进行审核时，应会同承包单位对现场实际完成情况进行计量，对验收手续齐全、资料符合验收要求且符合施工合同规定的计量范围内的工程量予以核定。对承包单位超出设计图纸范围和由承包单位原因造成返工的工程量，工程师不予计量。由此可见，工程师在这个环节对控制投资支出有着非常重要的作用。

（四）工程变更的控制

建设项目具有投资大、工期长、技术复杂等特点，这使得工程变更不可避免。

工程变更的产生，一方面是由于设计工作粗糙，在施工过程中发现许多招标文件中没有考虑或估算不准确的工程量，因而不得不改变施工项目或变更工程量；另一方面，是由于发生了不可预见的事故，所以停工或工期拖延等。

工程变更通常将影响约定的合同工期和工程价款，部分工程因此出现结算价超过合同价，甚至超过计划投资的情况。

（五）索赔的控制

索赔是指在合同履行过程中，对于并非自己的过错，而应由对方承担责任的情况造成的实际损失向对方提出经济补偿和（或）时间补偿的要求。

索赔是工程承包中经常发生的现象。由于施工现场条件的变化，施工进度、物价的变化，以及合同条款、规范、标准文件和施工图纸的变更等因素的影响，工程承包中不可避免地会出现索赔。索赔控制的目的，就是找出索赔产生的原因，尽量避免或减少索赔，从而降低工程成本、合理安排资金使用。

（六）投资偏差分析

投资偏差是指计划投资额与实际投资额之间的差额。一般来说，造成投资偏差的原因是多方面的，既有客观方面的自然因素、社会因素，也有主观方面的人为因素。进行投资偏差分析的目的，就是找出造成投资偏差的原因，进而采取有针对性的措施，有效地控制造价。

第二节　暖通工程设计与施工阶段的成本控制

一、设计阶段的成本控制

暖通工程是一项复杂的系统工程，其建设工期、建设规模、建设标准、设计和施工规范及技术标准、质量要求等交织在一起，相互影响，环环相扣。工程造价控制贯穿项目建设全过程，影响工程造价的因素有很多，但是为工程造价一锤定音的是设计师绘制的蓝图，即设计确定工程造价。因此，设计阶段的工程造价管理是控制工程造价的根本。

设计阶段是建设项目由计划变为现实的具有决定意义的工作阶段。暖通工程设计文件是暖通工程施工的依据。拟建工程在建设过程中能否保证进度、保证质量和节约投资，在很大程度上取决于设计质量。工程建成后，能否获得满意的效果，除了项目决策，设计工作起着决定性的作用。

但是，长期以来，我国普遍忽视工程建设项目前期工作阶段的控制，而往往把控制工程造价的主要精力放在施工阶段。这样做尽管也有效果，但毕竟是"亡羊补牢"，事倍功半。要控制工程造价，就要坚决地把控制重点放在建设前期阶段上来，当前尤其应抓住设计这个阶段，以取得事半功倍的效果。

在设计阶段，工程造价控制方法包括组织、技术、经济、合同等各方面的措施，主要如下：

（1）加强设计过程的组织和管理（推行设计监理）。

（2）实行设计招标。

（3）正确处理技术经济关系。

（4）注重设计方案优选及设计选型。

（5）推行限额设计。

（6）运用价值工程优化设计。

（7）重视设计概预算的编制与审查。

在上述措施中，技术措施或方法尤为重要，如价值工程、限额设计等，下面将对此进行详细介绍。

（一）价值工程

1.价值工程的概念

价值工程是以提高产品（或作业）价值为目的，通过有组织的创造性工作，寻求用最低的寿命周期成本实现使用者所需功能的一种管理技术。价值工程中所述的"价值"，是指某种产品（或作业）所具有的功能与获得该功能所需的全部费用的比值。它既不是对象的使用价值，也不是对象的交换价值，而是对象的比较价值，是作为评价事物有效程度的一种尺度提出来的。这种对比关系可以表示为一个数学公式：

$$V = F/C \qquad\qquad （式4-1）$$

式中：V——研究对象的价值；

　　　　F——研究对象的功能；

　　　　C——研究对象的成本，即寿命周期成本。

由此可见，价值工程涉及价值、功能和寿命周期成本三个基本要素。

2.价值工程的特点

价值工程具有以下特点：

第一，价值工程的目标是以最低的寿命周期成本，使产品具备它所必须具备的功能。产品的寿命周期成本由生产成本、使用及维护成本组成。产品的生产成本是指发生在生产企业内部的成本，也是用户购买产品的费用，包括产品的科研、实验、设计、试制、生产、销售等费用及税利等；而产品的使用及维护成本是指用户在使用过程中支付的各种费用的总和，它包括使用过程中的能耗费用、维修费用、人工费用、管理费用等，有时还包括报废拆除所需的费用（扣除残值）。

在一定范围内，产品的生产成本和使用及维护成本存在着此消彼长的关系。随着产品的功能水平提高，产品的生产成本 C_1 增加，使用及维护成本 C_2 降低；反之，随着产品的功能水平降低，其生产成本降低，但使用及维护成本会增加。因此，当产品的功能水平逐步提高时，其寿命周期成本 $C = C_1 + C_2$，呈马鞍形变化，如图4-1所示。寿命周期成本为最小值 C_{min} 时所对应的功能水平是仅从成本方面考虑的最适宜功能水平。从图4-1可以看出，在 F 点，产品的功能水平较低，此时虽然生产成本较低，但由于不能满足使用者的基本需要，使用及维护成本较高，因此寿命周期成本较高；在 F'' 点，虽然使用及维护成本较低，但由于存在着多余的功能，所以生产成本过高，同样，寿命周期成本也较高。只有在 F^* 点，产品功能既能满足用户的需求，又使得寿命周期成本较低，体现了比较理想的功能水平与成本之间的关系。

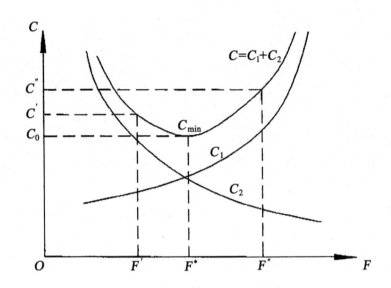

图 4-1 产品功能水平与成本的关系

由此可见，工程产品的寿命周期成本与其功能水平是辩证统一的关系。寿命周期成本的降低，不仅关系到生产企业利益的增加，同时也能满足用户的需求，并与社会节约密切相关。

第二，价值工程的核心，是对产品进行功能分析。价值工程中的功能是指对象能够满足某种要求的一种属性，具体来讲，功能就是效用。例如，住宅的功能是提供居住空间，空调的功能是提供舒适的室内环境，等等。用户向生产企业购买产品，是要求生产企业提供这种产品的功能，而不是产品的具体结构（或零部件）。企业生产的目的，也是通过生产获得具备用户所期望功能的产品，而产品的结构、材质等是实现这些功能的手段。目的是主要的，手段可以广泛地选择。因此，价值工程对产品进行分析，首先不是分析其结构、材质，而是分析其功能。在分析功能的基础之上，再去研究结构、材质等问题。

第三，价值工程将产品价值、功能和成本作为一个整体来考虑。也就是说，价值工程中对价值、功能和成本的考虑，不是片面和孤立的，而是在确保产品功能的基础上综合考虑生产成本和使用成本，兼顾生产者和用户的利益，从而创造出总体价值最高的产品。

在研究对象寿命周期的各个阶段都可以实施价值工程，其中在设计阶段实施价值工程的意义最大。在设计阶段运用价值工程控制工程成本，并不是片面认为成本越低越好，而是要把工程的功能与成本两个方面结合起来分析。工程设计实质上就是对建筑产品的功能进行设计，而价值工程的核心就是功能分析。通过实施价值工程，设计人员可以更准确地了解用户所需，同时还可以考虑设计专家、建筑材料和设备制造专家、施工单位及其专家的建议，从而使设计更加合理。价值工程需要对研究对象的功能与成本之间的关系进行系统分析，设计人员参与价值工程，就可以避免在设计过程中只重视功能而忽视成本的倾向，在明确功能的前提下，发挥创造精神，提出各种实现功能的方案，从中选取最合理的方案。这样既保证了用户所需功能的实现，又有效地控制了工程造价。价值工程着眼于寿命周期成本，即研究对象在其寿命周期内所产生的全部费用。实施价值工程，既可以避免一味降低工程造价而导致研究对象功能水平偏低的现象，也可以避免一味降低使用成本而导致功能水平偏高的现象，使工程造价、使用成本及建设产品功能合理匹配，节约社会资源。

3.建筑物寿命周期成本的计算方法

在对暖通空调系统进行价值分析时，其寿命周期应为建筑物寿命周期，相应的寿命周期成本为建筑物寿命周期内的空调成本，成本计算方法应根据建筑物的性质和用途分别加以考虑，下面以空调系统为例，进行分析。

（1）能源消耗

空调系统的能源消耗主要包括制冷站制冷和供冷发生的水、电、气等能源的消耗。制冷站相关设备包括冷水机组、冷冻水泵、冷却水泵、冷却塔、控制系统等。根据空调使用合同的约定，其还可能包括共用设备（如新风机、空气处理机等），有的还包括风机盘管等末端设备。已列入其他计量收费系统的设备能耗不应重复计算，例如，如果风机盘管的用电计入用户房间耗电，则不应再计入空调使用费。

由于空调系统的效率在不同负荷情况下差异较大，因此严格地讲其电耗应独立计量。对未安装分户计量装置的系统，通常用全年空调冷负荷乘以空调能耗系数来计算全年的运行电耗。空调能耗系数是在逐时冷负荷的条件下，制冷站和共用设备的效率加权值。为方便计算分析，可采用当量满负荷运行小时数作为计算指标。

当量满负荷运行小时数＝全年空调冷负荷/冷水机组最大出力

空调使用费中的电耗＝全年空调冷负荷×空调能耗系数＝冷水机组最大出力×当量满负荷运行小时数×空调能耗系数

空调系统运行的直接水费主要包括冷却水系统补水、冷水补水、管网季节性换水等的费用。在未单独装表计量的情况下，一般根据设计或统计的循环量和补水参数估算。

（2）维护费用

①人工费用

人工费用包括空调系统运行维护人员的计税工资、保险、福利以及必需的办公费用。

②维护维修费用

空调系统的维护维修工作包括管道清洗、电气检查、系统保养、制冷剂补充、小型维修等内容。空调系统的保养有两种方式，即委托专业公司保养和自行保养。从寿命周期总费用对比来看，专业保养更为节省有效，因此可以根据空调服务合同的界定和维护承包商的市场价来计算空调系统的维护维修费用。

③冷却水处理及冷却塔维护费用

冷却塔的维护维修量和冷却水处理工作量往往较大，需要在运行费用中单独考虑。

（3）摊销或重置费用

在空调使用费中，需要计算投资摊销或者更新重置费用，其界定为：

①对于区域供冷项目，需计算供冷系统的投资摊销。

②对于自建制冷站的建筑，若为出租性质，则应计算业主方的投资摊销；

若为销售性质，则应计算空调系统在寿命周期终了时更换系统的重置费用。

计算项除包括空调系统外，还应同时考虑与之有关的机房建筑、供配电系统等。在投资摊销中，还应包括投资的利息摊销；而重置费用则应考虑通货膨胀和设备价格的变动，并以现值计算。

空调系统中的设备费用、安装费用等均应根据其不同的有效服务年限即寿命周期来进行摊销。虽然在实际中可能有些设备的服务时间超过了寿命周期，但是由于其服役时间过长，维护维修费用、运行能耗都大大增加，所以在摊销分析时将寿命周期作为依据是符合实际情况的。因此，摊销或重置费用中的计算年限并不是财务规定的折旧年限，而是指系统的有效服务周期。

值得注意的是，按照现有的法规，开发商应按照建造费用的一定比例预留公用设施维修基金，所以在计算摊销或重置费用时应扣除该费用。

（4）其他费用

其他费用主要有：

①保险费用。建筑物作为重要资产，通常应投保，其费用根据险种的不同分别计算。

②不可预见费用。在费用计算中，存在一定的不确定因素和忽略简化条件，因此应在其基础上计算不可预见费用，以作为补充。

③管理开发费用。对于专业的供冷服务商如区域供冷公司，为了发展技术和完善服务，需要投入一定的管理开发费用，这笔费用由各供冷项目分摊。

（5）税金和利润

除了以上四项费用，服务商将计取一定数额的利润，并按法律规定缴纳税费。

从上述对空调使用费的分析可以看出，能源消耗是和实际用冷量相关的，而维护费用和摊销或重置费用与用冷量关联较小，换言之，后两项费用可以按照建筑面积分摊（为固定费用），能源消耗费用则应按用户的用冷量进行计费（为变动费用）。

在运用价值工程时，不仅要针对初始设计的空调系统，还应该对以后多次更新改造的空调系统以及整个寿命周期内的多个空调系统进行综合评价。应采用技术经济分析方法确定各阶段空调设备的动态经济寿命以及合理的设备更新时机，通过空调系统的正确科学选型和系统设计来降低建筑物全寿命周期内的空调成本。

（二）限额设计

设计阶段的投资控制，就是编制出满足设计任务书要求，造价又受控于决策投资的设计文件。限额设计就是根据这一点要求提出来的。所谓限额设计，就是按照设计任务书批准的投资估算额进行初步设计，按照初步设计概算造价限额进行施工图设计，按施工图预算造价对施工图设计的各个专业设计文件做出决策。所以，限额设计实际上是建设项目投资控制系统的一个重要环节，或称为一项关键措施。在整个设计过程中，设计人员与经济管理人员密切配合，做到技术与经济的统一。设计人员应在设计时考虑经济支出，进行方案比较，这有利于优化设计；经济管理人员应及时进行造价计算，为设计人员提供信息。这样可以使设计小组内部形成有机整体，避免相互脱节现象，改变设计过程中不算账、设计完成后见分晓的状况，达到动态控制投资的目的。

限额设计的流程实际上就是建设目标分解与计划、目标实施、目标实施检查、信息反馈的控制循环过程，这个过程如图4-2所示。在暖通专业接到设计任务和投资限额后，应发动设计人员认真研究满足投资限额的可能性，切实进行多方案比选，对各个技术经济方案的关键设备、工艺流程、总图方案和各项费用指标进行比较和分析，从中选出既能达到工程要求又不超过投资限额的方案，作为初步设计方案。如果发现某项费用指标超出任务书的投资限额，则应及时反映，并提出解决问题的方法，不能等到设计概算编出后，才发觉投资超限额，再被迫压低造价，减项目、减设备，这样不但影响设计进度，而且会造成设计上的不合理，给施工图设计超投资限额埋下隐患。

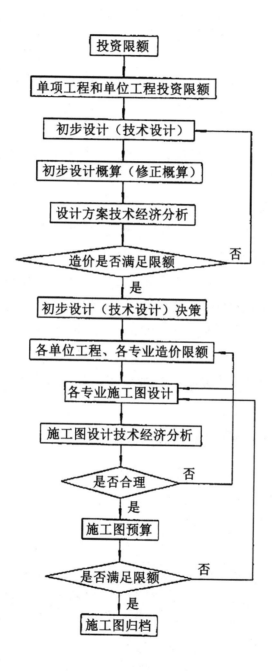

图 4-2 限额设计流程

已批准的初步设计及初步设计概算是施工图设计的依据。在施工图设计中应把握两个标准，一个是质量标准，另一个是造价标准，并应做到二者协调一致、相互制约，防止只顾质量而放松经济要求的倾向。与此同时，也不能因为经济上的限制而消极地降低质量。在设计过程中，要对设计结果进行技术经济分析，看是否有利于造价目标的实现。施工图设计完成后，要做出施工图预算，判断是否满足限额要求，如果不满足，则应修改施工图设计，直到满足限额要求。

在初步设计阶段，外部条件的制约和人们主观认识的局限，往往会造成施工图设计阶段甚至施工过程中的局部变更。这是使设计、建设更趋完善的正常现象，但是这会引起已经确认的概算价值的变化。这种变化在一定范围内是允许的，但必须经过核算和调整。当施工图设计变化涉及建设规模、产品方案、工艺流程或设计方案的重大变更，使原初步设计失去指导施工图设计的意义时，必须重新编制或修改初步设计文件。对于非发生不可的设计变更，应尽量提前，以减少设计变更对工程造成的损失。对影响工程造价的重大设计变更，更要采取先算账后变更的办法，以使工程造价得到有效控制。

二、施工阶段的成本控制

施工阶段的成本控制一般是指在建设项目已完成施工图设计，并完成招标阶段工作和签订工程承包合同以后的投资控制工作。其基本原理是把计划投资额作为投资控制的目标值，在施工过程中定期进行投资实际值与目标值的比较，通过比较分析找出实际支出额与投资控制目标值之间的偏差，然后分析产生偏差的原因，并采取措施加以控制，以保证投资控制目标的实现。

（一）合同控制

在现代建筑工程项目管理中，合同管理具有十分重要的地位，已成为与进度管理、质量管理、成本管理、信息管理等并列的一大管理职能。合同确定工程项目的价格（成本）、工期和质量（功能）等目标，规定着合同双方的责权利关系。

在国际惯例中，业主常常聘请有经验的咨询公司编制严密的招标文件、合同文本，对承包商的制约条款几乎达到无所不包的地步，以防施工单位进场后以工期紧、场地狭小、品牌型号不明确等为借口，进行各种各样的索赔。例如，在中央空调安装工程中，主要设备的价格占总造价的60%左右，不同的品牌型号价格出入很大，如果界定模糊就很容易造成施工过程中"偷梁换柱"，影响工程质量和寿命，损害业主的信誉。利用好"严密合同条款"这一条，需要有丰富的工作经验，对可能发生的情况有提前的预计。在这一点上，国内需要多学习国外成熟的经验及合同约束条款。

另外，业主可采用工程量清单形式确定工程造价。对业主而言，用工程量清单的形式，一方面易于将工程单价与市场价进行竞争性比较，挤掉单价中的水分，堵住漏洞；另一方面可控制设计变更引起的工程价款的增加，变更增减的工程量，这只能引起实体性消耗中的直接费及其税金部分的变化，非实体性消耗费用及企业管理费、利润及此部分的税金仍保持原有水平。总之，采用工程量清单对建设单位来说，是一个既易于操作又利于成本控制的有效途径。

（二）变更控制

施工阶段是大量投入资金的阶段，诸多建设工程项目管理的实践表明，这一阶段也是最容易引起投资偏差，并由此造成投资额增加的阶段。造成投资偏差的原因多种多样，主要有设计错误或缺陷、设计标准变更、图纸提供不及时和结构变更等。暖通工程作为建设项目中的一项单位工程，其施工合同的签订往往是在土建刚开工不久，围护结构还未形成的时候。随着土建施工的进行，围护结构的变更如果使房间的面积或功能改变，墙体和门窗结构、材料变更，则必然会导致暖通空调系统负荷的变化。若负荷变化超出了暖通空调设备的最大可调节范围，对暖通空调设备就要重新选型。这样的变更不仅会严重影响暖通空调系统的初投资，还会影响到系统投入运行以后的费用和协调性。另外，由于装饰材料选用不当会造成室内空气质量恶劣，为了保证室内环境满足健康、舒适的要求，就会对暖通空调系统提出更高的要求，从而增加投资。

暖通工程与土建和其他专业工程的紧密联系，要求工程师对各专业做好协调工作，尽量做到既能满足其他专业的变更，又不影响暖通空调系统负荷和施工成本。尤其要避免工程师单纯为了降低工程建安投资，批准可能导致未来暖通空调系统能耗增加或效果降低的工程变更。

能否处理好这些情况，关系到能否提高管理效率和成本控制效果。

首先，在设计和施工过程中，要根据工程实际对设计图纸和施工方案进行不断的研讨和改进。一方面，建设单位要及时与设计方进行沟通，尽快做出合理的变更设计，并进行工程量及造价增减分析；另一方面，建设单位要规定变更事项的统一填报表格，要求施工单位详细填写并附简要说明、示意图、工程量增减的详细计算过程及工程造价的增减资料，建设单位、设计单位及造价管理单位应签证认可。总之，应尽量将工程造价控制在合理的范围内，不影响工程进度，同时尽量以合作的态度明确责任，不在利益上互相扯皮，从而避免不应有的损失。

其次，对施工过程中的隐蔽工程，建设单位要会同设计单位、施工单位认真做好施工处理、验收、核对工作，保证隐蔽工程的施工质量和数量的准确性。发生现场签证时，建设单位应充分向工程管理及造价人员放权，对于数额较小的情况，应减少审批环节，现场解决，及时核对费用，减少管理成本，提高管理效率。

（三）索赔控制

在实际工程中，索赔现象时有发生。对业主而言，一方面，如果承包商违约，就要做好对其索赔的工作；另一方面，要仔细研究承包商提出的索赔要求，对不合理的要求进行反索赔。

（1）对施工图的准确度和清晰度，必须予以高度重视。为此，在工程设计阶段，应当给设计人员足够的时间。承包人的索赔策略之一是权利保留的要求，业主应在发生变更令时，说明变更的决定是全面的、最终的，不留任何"尾巴"，以免将来扯皮。

（2）在编制工程合同时，对那些内容与索赔关系较密切的条款，如工程变更、工程量增加、争议、工地（土质）条件和工期超延等，应当特别留意。尤其对那些容易被承包人利用的条文，更应精心推敲，如承包人往往利用合同文件或规范中的"或同等质量的"条款，或未规定详细要求的条款，用成本最低的替代物品（设备、材料等）代替合同文件或规范中所要求的物品。

（3）要重视标前会议。业主须注意承包人往往不在标前会议上提出问题，而是把招标文件中的矛盾之处暗中记住，中标后把它们作为工程变更和索赔提出来。预防方法是坚持开好标前会议，以补遗书形式回答任何应予合理回答的问题，即使因此将招标拖延十几日也是值得的。在会议上让承包人提出所有疑问和文件中的错漏之处，并令其认可标书中不再存在错误，这是避免此类索赔的有力措施。

（4）业主自己不仅要全面、准确地掌握合同条款内容，还要做到在施工过程中随时与承包人沟通。所有与工程有关的文件、报表和记录应妥善存档备查。

（5）建立合适的处理和评价工程变更令的机制，以支付与工程变更有关的直接与间接费用。

（6）做好反索赔工作。许多建设单位把重点放在了如何应对施工单位的索赔，而常常忽视了反索赔条款的应用。施工单位由于措施不当，延误了承诺的工期；在交叉作业中，一方因现场清理不及时妨碍了另一方正常的工作程序，或因漏水等情况损坏了工程成品；工程中使用了非业主指定的产品；等等。对此，建设单位均可进行反索赔。做好反索赔工作，需要有充分有力的证据，如要保存好现场工程图片和现场签证等原始资料。

第五章　暖通工程中
采暖系统的安装

暖通工程中的采暖系统可以维持室内所需要的温度，其安装可以从散热器、锅炉、金属辐射板及低温热水地板辐射系统等方面进行分析。

第一节　散热器的分类及安装要求

一、散热器的分类

散热器按材质划分，可分为铸铁散热器、钢制散热器、铝制散热器、铜质散热器、铜铝复合散热器。

（一）铸铁散热器

铸铁散热器分为翼型散热器和柱型散热器。

翼型散热器制造工艺简单。其中，长翼型散热器的造价虽然较低，但金属热强度和传热系数比较低，外形不美观，灰尘不易清理，特别是它的单体散热量较大，设计选用时不易恰好组成所需的面积，因而目前不少设计单位倾向不选用这种散热器。而圆翼型散热器多用于不产尘车间，有时也用在要求散热器高度低的地方。

柱型散热器是呈柱状的单片散热器，用对丝将单片组成所需散热面积，其外表面光滑，每片各有几个中空的立柱相互连通。我国目前常用的柱型散热器主要有二柱、四柱两种类型散热器。柱型散热器有带脚和不带脚的两种片型，便于落地或挂墙安装。

（二）钢制散热器

钢制散热器有闭式串片对流散热器、钢制板型散热器、钢制柱型散热器、钢制扁管散热器。钢制散热器的缺点是：如果不采取内防腐工艺，则会发生散热器腐蚀漏水。

（三）铝制散热器

在我国市场上销售的铝制散热器大部分为挤压成型的铝型材经焊接而成的散热器。部分厂家的产品焊接点强度不能保证，容易出现问题并引发漏水。另外，铝制散热器造型简单，属于低档散热器。

铝制散热器的优点包括：与钢制散热器相比，由于原材料和制造工艺的差异，铝制散热器的价格一般较低；散热快，重量轻。

铝制散热器不适用于碱性水质的原因是：铝与水中的碱反应，发生碱性腐蚀，导致铝材穿孔，散热器漏水。因此，铝制散热器必须在酸性水中使用（pH值＜7），而多数锅炉用水的pH值＞7，不利于铝制散热器的使用。

（四）铜质散热器

铜质散热器的优点包括：具有一定的抗冻能力和抗冲击能力；由于铜管有很强的耐腐蚀性，不会有杂质溶入水中，能使水保持清洁卫生，因此在建筑的采暖系统中，铜管使用起来安全可靠，甚至无须维护和保养；铜管及其配件在高温下仍能保持其形状和强度，也不会有长期老化现象。

铜质散热器的缺点是价格较高。

（五）铜铝复合散热器

铜铝复合散热器承压能力强，散热效果好，防腐效果好，采暖季过后无须满水保养，不会碱化和氧化，比较适合北方的水质及复杂的采暖系统，但造型较单一。

二、散热器的安装要求

（1）散热器应平行于墙面安装，与墙表面的距离应符合表5-1的规定。

表 5-1　各种散热器的安装距离

单位：mm

散热器型号	60 型	M150 型	四柱型	圆翼型	串片式	
					平放	竖放
中心与墙表面距离	115	115	130	115	95	60

（2）散热器与管道的连接处，应设置可拆卸的活接头。

（3）水平安装圆翼型散热器时，对热水采暖系统，其两端应使用偏心法兰与管道连接；若为蒸汽采暖，则圆翼型散热器与回水管道的连接也应用偏心法兰。

（4）安装串片散热器时，应保证每片散热肋片完好，其中松动片数量不得超过总片数的3%。

（5）散热器安装在钢筋混凝土墙上时，应先在钢筋混凝土墙上预埋铁件，然后将托钩和卡件焊接在预埋件上。

（6）散热器底部离地距离，一般不小于150 mm；当散热器底部有管道通过时，其底部离地面净距一般不小于250 mm；当地面标高一致时，散热器的安装高度也应该一致，尤其是同一房间内的散热器。

（7）除圆翼型散热器应水平安装之外，一般散热器应垂直安装。安装钢串片散热器时，应尽可能平放，减少竖放。

第二节　锅炉的分类及安装要求

一、锅炉的分类

（一）按用途分类

（1）动力锅炉。用于发电和动力方面的锅炉。动力锅炉产生的蒸汽用作将热能转换为机械能的工质以产生动力，蒸汽的温度和压强一般都很高。

（2）工业锅炉。为工农业生产和建筑采暖及人们生活提供蒸汽或热水的锅炉，又称供热锅炉。其出口工质压强一般≤2.5 MPa，蒸发量一般为0.1~65 t/h。

（二）按结构分类

（1）火管锅炉：具有锅壳，容纳水、汽并兼做锅炉外壳，烟管受热面和炉胆布置在锅壳底部，炉胆为燃烧室，烟气在火管内流过的锅炉。火管锅炉一般为小容量、低参数锅炉，热效率低，但结构简单，对水质的要求低，运行维修方便。

（2）水管锅炉：受热面布置在炉墙维护结构空间内，水、汽、汽水混合物在管内流过。可以制成小容量、低参数锅炉，也可以制成大容量、高参数锅炉。电站锅炉一般均为水管锅炉，热效率高，但对水质和运行维护水平的要求也较高。

（3）水、火管锅炉：具有锅壳，容纳水、汽、汽水混合物等工质在管内流动，高温烟气在管外冲刷放热的锅炉。

（三）按循环方式分类

（1）自然循环锅筒锅炉：具有锅筒，利用下降管与上升管或锅炉管束中工质的密度差产生的压头来克服管道流动阻力，促进工质循环流动的锅炉。

（2）强制循环锅筒锅炉：具有锅筒和循环水泵，利用循环回路中工质的密度差产生的压头和循环水泵提供的压头来克服管道流动阻力，促进工质循环流动的锅炉。

（3）直流锅炉：无锅筒，给水靠水泵提供的压头一次通过受热面产生蒸汽的锅炉。

（四）按锅炉出口工质压强分类

（1）常压热水锅炉：在任何情况下，锅炉水位线处的表压强为零的锅炉。

（2）低压锅炉：一般压强小于1.275 MPa。

（3）中压锅炉：一般压强为3.825 MPa。

（4）高压锅炉：一般压强为9.8 MPa。

（5）超高压锅炉：一般压强为13.73 MPa。

（6）亚临界压强锅炉：一般压强为16.67 MPa。

（7）超临界压强锅炉：一般压强大于22.13 MPa。

（五）按燃烧方式分类

（1）火床燃烧锅炉：燃料被层铺在炉排上进行燃烧的锅炉。主要用作工业锅炉，包括固定炉排炉、往复炉排炉等。

（2）火室燃烧锅炉：燃料被喷入炉膛空间呈悬浮燃烧的锅炉。主要用作电站锅炉，燃用液体燃料、气体燃料和煤粉的锅炉均为火室燃烧锅炉。

（3）沸腾炉：送入炉排空气流速较高，使大颗粒燃煤在炉排上面的沸腾床中翻腾燃烧，小颗粒燃煤随空气上升并燃烧的锅炉。

（4）旋风炉：带有利用高速旋转气流带动燃料颗粒呈旋涡运动并燃烧的圆筒形燃烧室的锅炉。

（六）按所用燃料或能源分类

（1）固体燃料锅炉：燃用煤等固体燃料的锅炉。

（2）液体燃料锅炉：燃用石油等液体燃料的锅炉。

（3）气体燃料锅炉：燃用天然气等气体燃料的锅炉。

（4）余热锅炉：利用冶金、石油化工等工业的余热作热源的锅炉。

（5）原子能锅炉：利用核反应堆所释放热能作为热源的蒸汽发生器。

（6）废热锅炉：利用垃圾、树皮、废液等废料作为燃料的锅炉。

（7）其他能源锅炉：利用地热、太阳能等能源的蒸汽发生器或热水器。

（七）按排渣方式分类

（1）固态排渣锅炉：排出的渣子为固体的锅炉。

（2）液态排渣锅炉：排出的渣子为液体的锅炉。

（八）按炉膛烟气压强分类

（1）负压锅炉：炉膛保持负压，维持在20～40 Pa，有送风机、引风机，是燃煤锅炉的主要类型。

（2）微正压锅炉：炉膛表压2～5 kPa，不需引风机，易于低氧燃烧。

（3）增压锅炉：炉膛表压强大于300 kPa的锅炉。

（九）按锅筒布置分类

（1）锅筒纵置式锅炉：锅炉纵向中心线与锅炉前后中心线平行，有单锅筒纵置式锅炉和双锅筒纵置式锅炉之分。

（2）锅筒横置式锅炉：锅炉纵向中心线与锅炉前后中心线垂直，有单锅筒横置式锅炉和双锅筒横置式锅炉之分。

（十）按锅炉出厂形式分类

按锅炉出厂形式，分为快装锅炉、组装锅炉和散装锅炉。小型锅炉可采用快装形式，电站锅炉一般为组装或散装形式。

二、锅炉的安装要求

下面以常压热水锅炉为例，对锅炉安装要求进行简要介绍。

（一）安装总体要求

（1）锅炉房要求。应按《锅炉房设计标准》（GB 50041—2020）的要求设计，设计时要保证有足够的安装、修理、摆放型煤的空间，同时要安排好下水道位置。

（2）锅炉基础。应按设计审批后的图纸施工，施工时应保证混凝土凝固期，以防锅炉就位时出现基础塌裂现象。采用自然循环安装时，锅炉基础应比建筑物地面低500～600 mm。

（3）安装锅炉时，如果采用机械出渣，则应安排除渣机位置，保证足够空间。

（4）锅炉房要求通风良好，安装换气扇，保证室内有良好的空气环境，严禁司炉工休息室和锅炉同在一室，休息室和锅炉房要分隔开，以保证司炉工的安全（防止煤气中毒）。

（5）锅炉安装队必须持有省级质量技术监督部门颁发的安装许可证方可安装。

（二）安装前的准备工作

（1）进行设备的清理、检查及验收。

（2）熟悉图纸及技术文件。

（3）根据锅炉厂提供的锅炉安装系统图，结合本单位锅炉房的实际情况，按照《锅炉安装工程施工及验收标准》（GB 50273—2022）的要求，制订锅炉安装系统方案。

（4）按照安装系统图备好附属设备及材料，如热水循环泵、分水器、除污器、自动启闭阀、补给水箱、管道阀门、仪表、法兰、弯头、螺栓等配件及材料。如有水处理设备，要与锅炉同步安装；如没有水处理设备，须安装电子除垢仪。

（三）安装步骤

1.锅炉就位

应用起重设备缓慢吊装，严禁碰撞，并保证炉体四角垫实，保持一定的水平度，且与基础平面密封，防止漏风。在一般情况下，锅炉顶部距水箱底部净空高度不小于700 mm，炉前、炉后及两侧通道要有足够的操作空间，净距离不应小于800 mm（大功率锅炉的操作空间可适当增大）。

2.烟囱吊装

锅炉就位后，将多节烟囱用螺栓连接成一体，校直。每对法兰连接时，法兰中间加石棉绳封闭，拧紧螺栓。用长臂吊车把烟囱立起来，用三根互成120°、与地面成45°角的钢筋拉线把烟囱拉牢。拉线的地埋锚件须牢固可靠，拉线紧度一致。大功率锅炉的烟囱与锅炉是分体就位的，烟囱之间的连接烟道必须呈上升坡度，且坡度不小于0°，此段烟道不宜过长。在保证烟囱引力的前提下，为不受风力影响，室外烟囱应适当避开较高建筑物。烟囱由屋顶穿出时，烟囱四周要严密封闭，且不能与可燃物相接触。烟囱底座处的溢流管用塑料（或橡胶）管接好，甩在炉后地面上。

3.补给水箱安装

补给水箱是保证常压热水锅炉安全运行的重要保障。补给水箱要安装在锅炉房内，水箱底面要高出锅炉主出水管道500 mm以上，水箱上边缘最高不超过锅炉上平面3.5 m，水箱大小可根据锅炉规格决定。水箱上应设水位计、自动补水浮球阀、溢流管、排污管，水位计玻璃管应有正常水位、最低水位、最高水位的明显标志，水位计的最低可视边缘为25 mm，是最低水位线。水位计应有排水旋塞，旋塞内径和玻璃管内径不得小于8 mm，水箱溢流管至上口为100 mm。自动补水浮球阀宜低于溢流管200 mm。水箱向锅炉的补水管应安装在自动启闭阀与锅炉回水管之间，其管径要等于锅炉的出水管径。

4.循环水泵及管路的安装

循环水泵是常压热水锅炉的一个重要的附属设备，水加热后，完全靠循环水泵送入系统进行循环。因此，循环水泵及其管路安装非常重要，常压热水锅炉循环水泵均采用离心式热水泵与管道热水循环泵。

（1）水泵距锅炉越近越好，但为了减小锅炉间噪声，最好将水泵设置在单独的水泵间内，水泵的布置要便于操作、维修。

（2）安装时，参照热水循环泵安装使用说明书将水泵安装在预制好的水泥基础上，定位后，把地脚螺栓灌注在预留孔内，凝固后调水泵至水平，紧固后，用水泥砂浆抹面。

（3）在一般情况下，循环水泵应并联两台，一用一备。

（4）为防止泵内产生汽蚀现象，应尽量减小水泵入口端阻力，确保水泵入口中心线与锅炉水位线之间有足够的距离（不小于2 m）。

5.常压热水锅炉安全装置及仪表的安装

（1）大气连通管的安装

为保证锅炉在任何情况下与大气相通，不产生压强，锅炉顶部必须安装大气连通管。安装大气连通管时，应尽量减少弯头，管内不得积水，不得堵塞，不准缩径，不准安装任何阀门，高度不得超过4 m，并将出口连接到补给水箱液面上端，离开水面，以便让锅炉超量的水流进补给水箱中。

（2）压强表的安装

压强表安装的位置如下：

①在锅炉顶部（或出口处）装压强表。在正常情况下，该表不应当显示压强；当大气连通管堵塞或排水量不足时，该表可提醒司炉工注意及时查找原因。

②在循环水泵的出口处装压强表，该表可测量系统压强，一般安装在止回阀前。

③在回水阀的入口处装压强表，可通过该表观察系统回水压强，同时还可以根据循环水泵出口表与该表的压强差确定系统阻力。

④在循环水泵入口处装压强表，应选择真空压强表。

压强表应符合下列要求：

①压强表的精度不低于2.5级。

②安装在锅炉顶部（或出口处）的压强表，其刻度极限值应尽量小；系统压强表应根据装置地点的工作压强选取，表盘刻度极限为工作压强的1.5～3倍，最好选2倍。

③压强表盘直径不宜小于100 mm，且安装使用前应检验合格。

④压强表应有存水弯管。存水弯管用钢管时，其内径不应小于10 mm；存水弯管用铜管时，其内径不应小于6 mm。压强表与存水弯管之间应装有三通旋塞。

（3）温度计的安装

常压热水锅炉的出口处及锅炉回水管入口处都应装温度计。出口温度计用来测量锅炉内温度（即供水温度），入口温度计用来测量系统回水温度。通过观察进出口水温的变化，司炉工可及时进行燃烧调节及系统的供热调节。

6.回水自动启闭阀的安装

按照安装系统图，在锅炉回水主管阀门前安装自动启闭阀。每个锅炉应安装两个自动启闭阀，供暖面积小的锅炉可装一个；安装一个自动启闭阀时，前后应装快开阀，如球阀、蝶阀，并加装旁通管道。在自动启闭阀前加装除污器，保证系统内杂质不会流进自动启闭阀，影响自动启闭阀的灵敏度。安装自动启闭阀时要按说明书安装，自动启闭阀的信号管必须安装在循环泵出水口与止回阀中间，切不可安装在止回阀后面。自动启闭阀的作用是：当热水循环泵开启时，泵头压强通过信号管把自动启闭阀打开，回水流进锅炉；当热水循环泵停泵时，自动启闭阀自动关闭，将系统水截住，不使系统水倒灌回锅炉，造成补给水箱跑水。

7.除渣机安装

型煤锅炉常用的除渣机为刮板式除渣机。安装前，应检查零部件是否齐全，检查减速机是否加油，油面不低于涡轮直径的1/3。将除渣机吊装在除渣坑内，校正后，对除渣机漏风部位进行密封，用手盘活传动部分，无误后，开启除渣机倒顺开关进行试运行。

第三节　金属辐射板及低温热水地板
辐射系统的安装要求

一、金属辐射板的安装要求

（一）定位与划线

在安装金属辐射板之前，需要进行定位与划线。首先，根据设计图纸和现场实际情况，确定金属辐射板的安装位置和排列方式。其次，在楼板上用划线工具划出金属辐射板的边缘线，确保位置准确、线条清晰。最后，还需要根据支撑结构的安装位置，划出相应的辅助线，以便后续安装工作的进行。在定位与划线过程中，应使用专业的测量工具，确保精度和准确性。

（二）支撑结构的安装

支撑结构是固定和承载金属辐射板的重要部分，其安装质量直接影响着整个辐射板的稳定性。在安装支撑结构时，应根据划线的位置，用膨胀螺栓或预埋件将支撑架固定在楼板上。同时，应确保支撑架的水平和垂直，避免出现倾斜或扭曲现象。对于大型辐射板，需要采用多个支撑架组成的网格结构进行承载，确保整体的稳定性。此外，在支撑结构安装完成后，应进行全面的检查和调整，确保其位置准确、牢固可靠。

（三）金属辐射板的安装

金属辐射板的安装是整个工艺流程的关键环节。应先将辐射板放置在支撑架上，调整其位置和角度，确保其与楼板平行且与相邻板之间无缝隙。然后，使用专用的固定件或扣件将辐射板与支撑架连接牢固。在安装过程中，应注意保护辐射板的表面涂层，避免刮伤或磕碰。同时，应遵循先固定边框后固定内部的顺序，逐步完成整个辐射板的安装工作。对于大型辐射板，应采用模块化安装方式，先组装好各个模块再整体安装。在安装完成后，应进行全面的检查和调整，确保金属辐射板的位置准确，平整度和垂直度符合要求。

此外，在金属辐射板的安装过程中，还需要注意以下几点：

（1）确保安装人员具备相应的技能和经验，熟悉金属辐射板的性能和安装要求。

（2）在安装前应对金属辐射板进行质量检查，确保其无损坏。

（3）遵循安全操作规程，确保施工过程的安全性。

（4）保持施工现场整洁，避免杂物对安装工作的影响。

（5）在安装完成后进行验收，确保金属辐射板的安装质量和系统性能符合设计要求。

（四）电气连接

金属辐射板的电气连接是确保其正常工作和安全运行的重要环节。在进行电气连接之前，应先确认辐射板的电源供应和控制系统，并根据厂家提供的接线图进行连接。

首先，应将电源线与控制线进行区分，并按照规定的颜色进行标记。在连接时，应使用适当的线夹、接线端子和螺钉等工具，确保电线连接牢固、接触良好。

其次，对于电气元件的连接，应遵循电路图，避免短路或断路现象。同时，应遵循安全规范，确保电线和元件的安装位置合理，无裸露的电线和元件。

在进行电气连接时，应注意以下几点：

（1）使用适当的工具和材料，如线夹、螺钉、绝缘胶带等。

（2）遵循电路图和接线图的指示进行连接。

（3）确保电线和元件的标记清晰、易于识别。

（4）在连接完成后进行全面的检查，确保无错误或遗漏。

（5）注意安全，遵循相关的电气安全规范。

（五）调试与检测

金属辐射板的调试与检测是确保其安全性的必要步骤。在完成电气连接后，应对整个系统进行调试与检测。

首先，应检查金属辐射板的电源供应和控制系统是否正常运行，确保电源供应稳定、电压和电流在规定范围内，同时检查控制系统的反应和功能是否正常。

其次，应对金属辐射板的加热性能进行检测。通过温度传感器和控制系统，检查辐射板的加热速度、温度均匀性和温度控制精度等参数。确保辐射板能够在设定的时间内达到所需的温度，且温度分布均匀。对于大型金属辐射板，还应进行整体热性能的检测和验证，确保其符合设计要求。

此外，在调试与检测过程中，还应注意以下几点：

（1）使用合适的检测工具和仪器，如万用表、温度计、示波器等。

（2）遵循相关的调试和检测规范，确保数据的准确性和可靠性。

（3）对检测结果进行分析和记录，以为后续的维护和改进工作提供参考。

（4）对于在调试与检测过程中发现的问题，应及时解决，确保系统的正常运行和使用安全性。

（5）对于智能控制的金属辐射板，应进行相应的功能测试和性能验证，确保其与控制系统的兼容性和稳定性。

二、低温热水地板辐射系统的安装要求

（一）绝热层的铺设

绝热层是低温热水地板辐射系统的重要组成部分，其主要作用是减少热量损失和防止热量向下传递。在铺设绝热层时，应选择合适的材料，如聚苯乙烯泡沫板、矿棉板等，并确保其厚度符合设计要求。同时，应将绝热层铺设平整、紧密，无缝隙和重叠现象，以减少空气对流和热传导。在铺设过程中，应注意保护绝热层，避免其损坏和污染。

（二）反射膜的铺设

反射膜是低温热水地板辐射系统中的关键材料，其主要作用是将热量向上反射，提高热效率。在铺设反射膜时，应将其铺设平整、紧密，并与绝热层贴合紧密；同时，应遵循设计要求，确保反射膜的铺设方向正确，以便后续管道的安装。在铺设过程中，应注意保护反射膜，避免其损坏和污染。

（三）低温热水管的安装

低温热水管是低温热水地板辐射系统中输送热媒的管道。在安装低温热水管时，应选择合适的管材和管径，并按照设计要求进行安装。具体的安装要求如下：

（1）确保管道的走向、坡度和固定点位置符合设计要求。

（2）使用专用的管道连接件和密封材料进行连接和密封。

（3）确保管道固定牢固，以防止在运行过程中发生晃动或脱落现象。

（4）按照先主管后支管的顺序进行安装，确保管道畅通无阻。

（5）在安装完成后进行全面检查，确保无泄漏和阻塞现象。

（四）填充层的铺设

填充层是低温热水地板辐射系统中的保护层，其主要作用是保护管道不受损坏和防止热量流失。在铺设填充层时，应选择合适的材料，如豆石混凝土、水泥砂浆等，并确保其厚度符合设计要求。同时，应将填充层铺设平整、密实，无空鼓和裂缝现象。在铺设过程中，应注意保护管道和反射膜不受损坏。在填充层干燥后，应对整个地面进行找平处理，确保地面的平整度和美观度。

（五）地面装饰层的安装

地面装饰层是低温热水地板辐射系统的最外层，其主要作用是保护系统不受外界环境的影响，同时提供美观的室内环境。在安装地面装饰层时，应选择合适的材料，如瓷砖、木地板等，并确保其厚度符合设计要求。具体的安装要求如下：

（1）确保装饰层材料的质量和规格符合设计要求，无缺陷。

（2）在铺设装饰层前，应对填充层进行干燥处理，确保其含水率符合要求。

（3）根据不同的装饰材料和工艺，采用相应的安装方法，如粘贴、钉装等，确保安装牢固。

（4）在安装过程中，应注意保护管道和系统其他部分不受损坏。

（5）安装完成后，应进行全面的检查，确保无翘起、空鼓和缝隙等现象。

（六）电气连接

电气连接是低温热水地板辐射系统中必不可少的部分，其主要作用是为系统提供电源和控制信号。具体要求如下：

（1）使用合适的电线和电气元件，确保其质量可靠、规格符合设计要求。

（2）根据电路图和接线图对电线进行连接，确保其连接正确、牢固。

（3）在连接过程中，应注意保护管道和其他系统部分不受损坏。

（4）遵循安全规范，确保电线和电气元件的安装位置合理，无裸露的电线和电气元件。

（5）在连接完成后进行全面的检查，确保无错误或遗漏。

（6）对于智能控制的低温热水地板辐射系统，应进行相应的功能测试和性能验证，确保其与控制系统之间的通信正常。

（七）调试与检测

调试与检测是低温热水地板辐射系统安装的最后一个步骤，其主要作用是确保系统的正常运行和使用安全性。在完成地面装饰层的安装和电气连接后，应对整个系统进行调试与检测。具体要求如下：

（1）检查系统的电源供应和控制系统是否正常运行，确保电源稳定、电压和电流在规定范围内。同时，检查控制系统的反应和功能是否正常。

（2）对低温热水地板辐射系统的加热性能进行检测。通过温度传感器和控制系统的控制功能，检查系统的加热速度、温度均匀性和温度控制精度等参数，确保系统能够在设定的时间内达到所需的温度，且温度分布均匀。对于大型低温热水地板辐射系统，还应进行整体热性能的检测和验证，确保其符合设计要求。

（3）对于在调试与检测过程中发现的问题，应及时解决，确保系统的正常运行和使用安全性。同时，对调试与检测结果进行分析和记录，以便为后续的维护和改进工作提供参考。

（4）对于智能控制的低温热水地板辐射系统，应进行相应的功能测试和性能验证，确保其与控制系统的兼容性和稳定性。同时，应测试系统的安全保护功能是否正常工作，如过热保护、缺水保护等。

（5）在调试与检测过程中，应注意遵守安全操作规程，避免发生意外事故。同时，应加强施工过程的监督和管理，确保各项要求得到有效执行。

第四节　采暖系统施工准备

采暖系统施工准备的目的是给以后的施工创造良好条件，主要包括材料准备、技术准备和工机具准备。

一、材料准备

（1）根据施工进度计划，提出材料计划，其中包括进场计划和采购计划等，还要组织材料采购和主要设备的订购。

（2）材料进场后，要对其质量、规格、型号、数量、误差及外观等进行检验，符合国家技术标准及设计要求的为合格材料，不合格的材料不得验收和使用。

二、技术准备

（1）图纸资料准备。图纸是施工的依据，采暖系统施工所需的图纸主要有设计说明书、工艺流程图、设备布置图、管道布置图、管口方位图、管道吊架图及其标准图、大样图等。施工前应按设计组成进行图纸收集，特别是仅有标准号的图纸不得遗漏。为保证施工顺利进行，收集图纸的同时还应准备好与工程施工有关的国家标准、规范、操作规程、安全规程等资料。

（2）熟悉图纸资料。在图纸资料准备齐全后，应对其进行了解。熟悉图纸资料的过程和方法可按单张图纸和整套图纸的步骤和方法进行，一般先看基本图和详图，必要时还应熟悉土建图。在熟悉图纸阶段，应特别注意图纸是否有错误，与其他专业是否有矛盾。为方便图纸会审时向设计方质疑，应对存在的问题做好记录。

（3）图纸会审。在熟悉图纸的基础上，为解决发现的问题，应提请业主组织会审。图纸会审由设计院和土建、装饰等相关专业人员参加。进行图纸会审时，应确定解决办法，做好详细记录，由与会者签字，该记录是施工图的组成部分。若图纸有修改，则应请设计单位出具修改通知书或修改图纸。

（4）技术交底。技术交底有设计单位将工程的具体情况向施工单位交底和施工单位向下层交底两类，有会议交底和现场交底两种形式。在一般情况下，大工程先进行会议交底，若会议上有交代不清楚之处，则再进行现场交底。

（5）编制施工组织设计。施工组织设计是安装施工的组织方案，是施工企业实行科学管理的重要环节，其内容主要包括工程概况、施工方案、施工进度计划、需用计划、施工准备工作计划和施工平面规划图等。

三、工机具准备

开工前应先检查现有施工机械的性能状况，并加强维修，当施工机械不足时，应提出采购计划，并报请有关部门批准。对于添置的工机具，须检查有无合格证书。

第五节　室内供热管道安装

室内供热管道以入口阀门或建筑物外墙皮1.5 m为界。使用的管道主要是钢管，也有采用铝塑复合管和塑料管的。采暖系统的管道为闭路循环管路，坡向和坡度必须严格按设计图施工，以保证顺利排除系统中的空气和收回采暖回水。不同热媒的采暖系统管道有不同的坡向和坡度要求，在安装水平干管时，绝对不许装成倒坡。室内管道要做到横平、竖直、规格统一、外观整齐，不能影响室内的美观。

一、干管安装

在室内采暖系统中，干管是指供热管、回水管与数根采暖立管相连接的水平管道部分，包括供热干管和回水干管两类。当供热干管安装在地沟、管廊、设备层、屋顶内时，应做保温层；而明装于顶层板下和地面时则可不做保温层。不同位置的采暖干管安装时机也不同：位于地沟的干管，在砌筑完清理好的地沟后、未盖沟盖板前安装；位于顶层的干管，在结构封顶后安装；位于天棚内的干管，应在封闭前安装；位于楼板下的干管，在楼板安装后安装。

（一）画线定位

首先，应根据施工图所要求的干管走向、位置、标高和坡度，检查预留孔洞，挂通线弹出管道安装的坡度线。其次，为便于管道支架制作和安装，取管沟标高作为管道坡度线的基准。为保证弹画坡度线符合要求，挂通线时如干管过长，挂线不能保证平直度，则中间应加铁钎支承。

（二）管段加工预制

按施工图进行管段的加工预制，包括断管、套丝、上零件、调直、核对好尺寸，按环路分组编号，码放整齐。

（三）安装卡架

按设计要求或规定间距安装。吊卡安装时，先把吊棍按坡向、顺序依次穿在型钢上，吊环按间距位置套在管上，再把管抬起，穿上螺栓、拧上螺母，将管固定。安装托架上的管道时，先把管就位在托架上，把第一节管装好U形卡，然后安装第二节管，以后各节管均照此进行，紧固好螺栓。

（四）干管就位安装

（1）干管安装应从进户或分支路点开始，装管前要检查管腔并清理干净。在丝头处涂好铅油、缠好麻，一人在末端扶平管道，一人在接口处把管相对固定、对准丝扣，慢慢转动入扣，用一把管钳咬住前节管件，用另一把管钳转动管到松紧适度，对准调直时的标记，要求丝扣外露2～3扣，并清掉麻头，依此方法装完为止。

管道在地上明设时，可在底层地面上沿墙敷设，过门时设过门地沟或绕行，如图5-1所示。

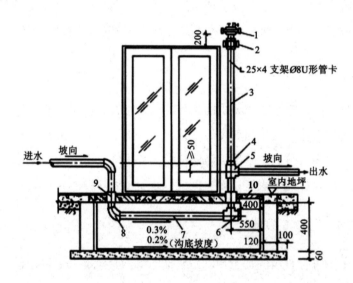

1—排气阀；2—闸板阀；3—空气管；4—补芯；5—三通；

6—丝堵；7—回水管；8—弯头；9—套管；10—盖板。

图 5-1　供热管道过门示意图（单位：mm）

（2）制作羊角弯时，应摵两个75°左右的弯头，在连接处锯出坡口，主管锯成鸭嘴形，拼好后即应点焊、找平、找正、找直，然后进行施焊。羊角弯接合部位的口径必须与主管口径相等，其弯曲半径应为管径的2.5倍左右。干管过墙安装分路做法，如图5-2所示。

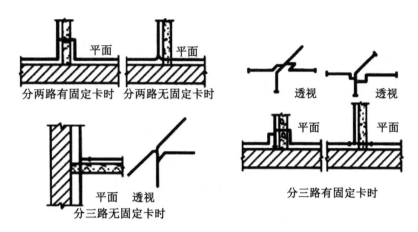

图 5-2　干管过墙安装分路做法

（3）干管与分支干管连接时，应避免使用T形连接，否则当干管伸缩时，有可能将直径较小的分支干管连接焊口拉断。正确的连接如图5-3所示。

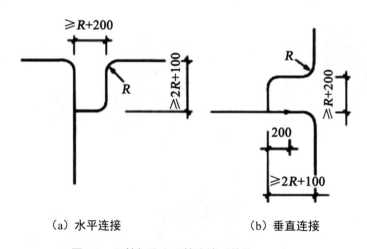

（a）水平连接　　　　　　（b）垂直连接

图 5-3　干管与分支干管连接（单位：mm）

（4）分路阀门离分路点不宜过远。如果分路处是系统的最低点，则必须在分路阀门前加泄水丝堵。集气罐的进出水口，应开在偏下约为罐高的1/3处。丝接应与管道连接调直后安装，其放风管应稳固，如不稳可装两个卡子。集气罐位于系统末端时，应装托、吊卡。

（5）采用焊接钢管，先把管子调直，清理好管膛，将管运到安装地点，从第一节开始安装；再把管就位找正，对准管口使预留口方向准确，找直后用气焊点焊固定，然后施焊，焊完后应保证管道正直。

（6）遇有伸缩器，应在预制时按规范要求做好预拉伸，并做好记录，按位置固定，与管道连接好。对于波纹伸缩器，应按要求位置安装好导向支架和固定支架，并分别安装阀门、集气罐等附属设备。

（7）管道安装完成后，首先检查坐标、标高、预留口位置和管道变径等是否正确；然后找直，用水平尺校对复核坡度；调整合格后，再调整吊卡螺栓、U形卡，使其松紧适度、平正一致；最后焊牢固定卡处的止动板。

（8）摆正或安装好管道穿结构处的套管，填堵管洞口，预留口处应加临时管堵。

穿墙套管做法如图5-4所示。

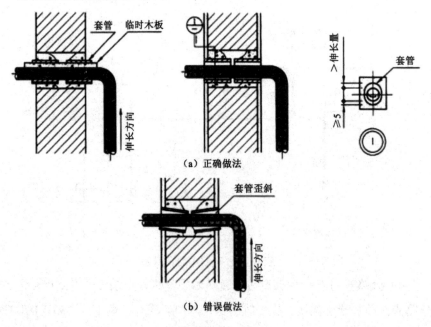

图 5-4　穿墙套管的做法（单位：mm）

（五）试压

干管安装完毕后，应进行阶段性的管道试压，室内采暖系统的压强试验通常采用水压试验的方式。

二、立管安装

立管安装一般在抹灰、散热器安装完毕后进行，如果需在抹地板前安装，则要求土建的地面标高必须准确。

（一）预留孔洞检查

核对各层预留孔洞位置是否垂直。将预制好的管道按编号顺序运到安装地点。

（二）管道安装

（1）立管穿过楼板，其上部同心收口的套管用于普通房间的采暖立管；下部端面收口的套管用于厨房或卫生间的立管。

（2）管道连接。安装前先卸下阀门盖，有钢套管的先穿到管上，按编号从第一节开始安装。涂铅油、缠麻丝，将立管对准接口转动入扣，一把管钳咬住管件，一把管钳拧管，拧到松紧适度。对准调直时的标记要求，丝扣外露2～3扣，直到预留口平正为止，并清理干净麻头。依此顺序向上或向下安装到终点，直至全部立管安装完。

（3）立管支干管连接。采暖干管一般布置在离墙面较远处，需要通过干管、立管间的连接短管使立管能沿墙边而下，少占建筑面积，还可降低干管膨胀对支管的影响。这些连接管的连接形式如图5-5～图5-8所示。

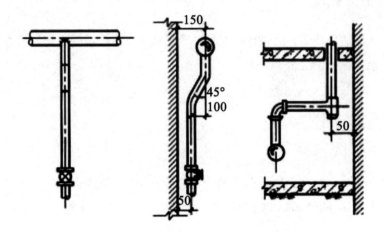

（a）与热水（汽）管连接　　　　（b）与回水干管连接

图 5-5　干管与立管的连接形式（单位：mm）

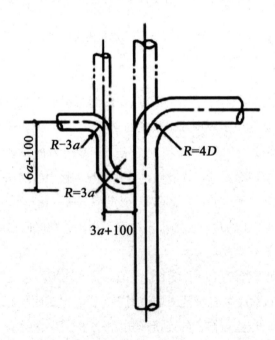

图 5-6　主干管与分支干管的连接形式（单位：mm）

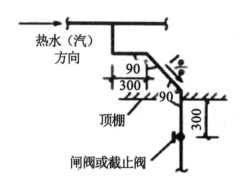

（a）蒸汽采暖（四层以下）、　　　　　　　　（b）蒸汽采暖（三层以下）、
　　　热水采暖（五层以上）　　　　　　　　　　　　热水采暖（四层以上）

图 5-7 顶棚内立管与干管的连接形式（单位：mm）

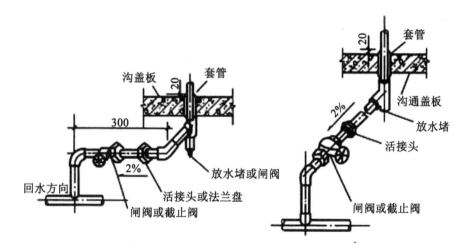

（a）地沟内干管与立管的连接　　　（b）在400×400管沟内干管与立管的连接

图 5-8 地沟内干管与立管的连接形式（单位：mm）

（4）立管与支管的垂直交叉位置。当立管与支管垂直交叉时，立管应设半圆形让弯绕过支管，具体做法如图5-9所示，加工尺寸见表5-2。

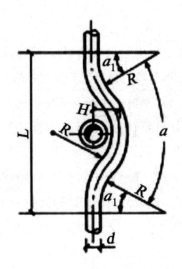

图 5-9　让弯加工

表 5-2　让弯尺寸表

DN/mm	$a/°$	$α_1/°$	R/mm	L/mm	H/mm
15	94	47	50	146	32
20	82	41	65	170	35
25	72	36	85	198	38
32	72	36	105	244	42

（5）主立管用管卡或托架安装在墙壁上，下端要支撑在坚固的支架上，其间距为3～4 m。管卡和支架不能妨碍主立管的胀缩。

（6）当立管与预制楼板的承重部位相碰时，应将钢管弯制绕过，或在安装楼板时把立管弯成乙字弯（又称来回弯），如图5-10所示；也可将立管缩进墙内，如图5-11所示。

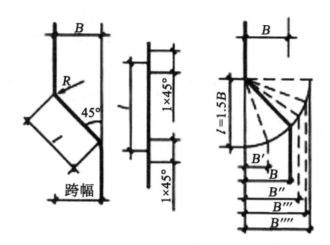

图 5-10　乙字弯图

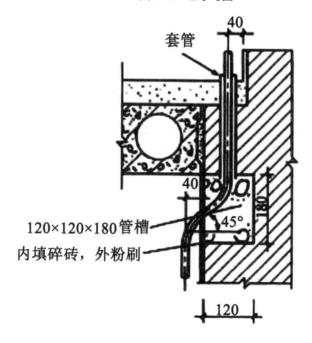

图 5-11　立管缩墙安装图（单位：mm）

（7）立管固定。检查立管每个预留口的标高、方向、半圆弯等是否准确、平正。将管卡子松开，把管放入卡内，拧紧螺栓，用吊杆、线坠从第一节管开始找好垂直度，扶正钢套管，填塞套管与楼板间的缝隙，加装预留口的临时封堵。

三、支管安装

（1）检查支管的安装位置及立管预留口是否准确，量出支管尺寸和灯叉弯的大小。支管的安装如图 5-12 所示。

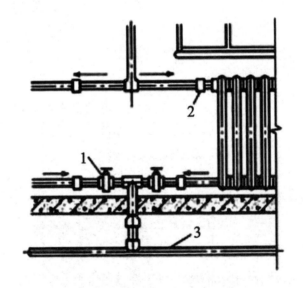

1—闸阀；2—活接头；3—回水干管。

图 5-12 支管的安装

（2）配支管，量出支管的尺寸，减去灯叉弯的尺寸，然后断管、套丝、搣灯叉弯和调直。将灯叉弯两头抹铅油、缠麻，装好油任，连接散热器，把麻头清洗干净。

（3）为达到美观的效果，暗装或半暗装的散热器灯叉弯必须与炉片槽墙角相适应。

（4）用钢尺、水平尺和线坠校对支管的坡度和平行距墙尺寸，并复查立管及散热器有无移动。按设计或规定的压强进行系统试压及冲洗，合格后办理验收手续，并将水排净。

（5）立支管变径，不宜使用铸铁补芯，应使用变径管箍或焊接法。

第六节　室外供热管道安装

集中供热系统的供热管网，是由将热媒从热源设备分配到各热用户的管线系统所组成的。

在大型热网中，有时为保证管网压强工况、集中调节和检测热媒参数，还设置集中站或控制分配站。

供热管网布置形式有枝状管网和环状管网两大类型，供热管网的平面布置应从城市规划的角度考虑远近期结合（以近期为主），根据城市或厂区的总平面图和地形图，考虑热用户热负荷的分布，供热区域的水文地质条件等因素，按下列原则确定：

第一，经济上合理。主干线应力求短直，尽量走热负荷集中区，尽可能缩短热网的总长度和最不利环路的长度，尽可能按不同用热性质划分环路，要合理布置管道上的阀门（分段阀、分支管阀、排水阀、放气阀等）和附件（补偿器、疏水器等）。阀门和附件通常应设在检查室内（地下敷设）或检查平台上（地上敷设）。应尽可能减少检查室和检查平台的数量。

第二，技术上可靠。供热管网应尽量布置在地势平坦、土质好、地下水位低、无地震断裂带的地区；应考虑如果出现故障能否迅速消除。对暂无锅炉集中供热的区域,临时热源设备的选址及供热管网的布置,应考虑长远规划集中热源设备引入及替代的可行性。

第三,对周围环境影响小而协调。供热管网不应妨碍市政设施的功能及维护管理,不影响周围环境的美观。

第四,应使多个供热管道形成管网。室外供热管道敷设是指将供热管道及其附件按设计条件组成整体并使之就位的工作。室外供热管道的敷设方式应根据当地气象、水文、地质、地形、交通线的密集程度及绿化、总平面布置等因素确定。

具体来说,室外供热管道的敷设方式有直埋敷设、架空敷设和地沟敷设三种。

一、直埋敷设

直埋敷设是将供热管道直接埋于土壤中的一种方式。直埋敷设分为有补偿直埋敷设和无补偿直埋敷设。有补偿直埋敷设是指供热管道设补偿器的直埋敷设,又分为有固定点和无固定点两种方式。无补偿直埋敷设是指供热管道不专设补偿器的直埋敷设。

热水热网管道地下敷设时,应优先采用直埋敷设;蒸汽管道采用地沟敷设困难时,可采用保温性能良好、防水性能可靠、保护管耐腐蚀的预制保温管直埋敷设,其设计寿命不应低于25年。

目前,采用最多的结构形式为整体式的预制保温管,即将供热管道、保温层和保护外壳三者紧密地黏接在一起,形成一个整体,如图5-13所示。

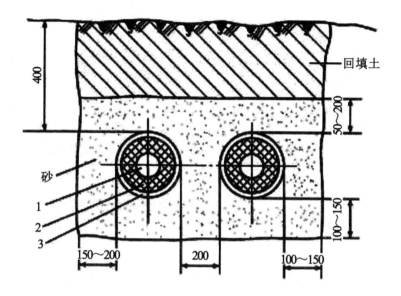

1—钢管；2—硬质聚氨酯泡沫塑料保温层；

3—高密度聚乙烯保温外壳。

图 5-13　预制保温管直埋敷设示意图（单位：mm）

预制保温管多采用硬质聚氨酯泡沫塑料作为保温材料。它是由多元醇和异氰酸盐两种液体混合发泡固化而形成的。硬质聚氨酯泡沫塑料的密度小，导热系数低，保温性能好，吸水性弱，且具有足够的机械强度，但耐热性较差。

预制保温管的保护外壳多采用高密度聚乙烯硬质塑料管。高密度聚乙烯具有较强的机械性能，耐磨损，抗冲击性较好；化学稳定性好，具有良好的耐腐蚀性和抗老化性。

预制保温管在工厂或现场制造。为方便在现场管线的沟槽内焊接，预制保温管的两端留有长约200 mm的裸露钢管，最后对接口处作保温处理。

安装时，在管道槽沟底部要预先铺100～150 mm厚的粒径为1～8 mm的粗砂砾夯实，管道四周填充砂砾，填砂高度为100～200 mm，之后再回填原土并夯实。

（一）管沟开挖

根据设计图纸的位置，进行测量、打桩、放线、挖土、地沟垫层处理等。挖沟时将取出的土堆放在沟边侧，土堆底边应与沟边保持0.6～1.0 m的距离，沟底要求是自然土壤（即坚实土壤），以便管道安装。如果是松土回填或沟底是砾石，那么，为防止管道弯曲受力不均，要求找平夯实。

（二）管道敷设

（1）管沟检查。管道下沟前，为便于统一修理，应检查沟底标高、沟宽尺寸是否符合设计要求，并检查保温管的保温层是否有损伤。当局部有损伤时，应将损伤部位放在上面，并做好标记。

（2）下管。为减少固定焊口，应先在沟边进行分段焊接，每段长度一般为25～35 m。在保温管外面包一层塑料薄膜，同时在沟内管道的接口处挖出工作坑，坑深为管底以下200 mm，坑内沟壁距保温管外壁不小于500 mm。吊管时，不得以绳索直接接触保温外壳。

（3）管子连接。管子就位后，清理管腔，找平找直后进行焊接。有报警线的预制保温管，安装前应测试报警线的通断状况和电阻值，合格后再下管进行对口焊接。报警线应装在管道上方。若报警线受潮，则应采取预热、烘烤等方式使其干燥。

（三）接口保温

（1）套袖安装。接口保温前，首先将接口需要保温的地方用钢刷和砂布打净，将套袖套在接口上，套袖与外壳保护管间用塑料热空气焊连接，也可采用热收缩套。两者间的搭接长度每端不小于30 mm，安装前须做好标记，保持两端搭接均匀。为备试验和发泡时使用，在套袖两端各钻一个圆锥形孔。

（2）接头气密性试验。套袖安装完毕后，发泡前应进行气密性试验。将压强表和充气管接头分别装在两个圆孔上，通入压缩空气，充气压强为

0.02 MPa。检查合格后，拆除压强表和充气管接头。

（3）发泡。从套袖一端的圆孔注入配制好的发泡液，另一端的圆孔则用于排气，灌注温度保持在15～35 ℃之间。为提供足够的发泡时间，确保保温材料发泡膨胀后能充满整个接头的环形空间，操作不能太快。发泡完毕，应当用与外壳材料相同的注塑堵死两个圆孔。

（四）回填土夯实

回填土时，要在保温管四周填100 mm厚的细砂，再填300 mm厚的素土，用人工分层夯实。管道穿越马路处埋深小于800 mm时，应做套管或做成简易管沟加盖混凝土盖板，沟内填砂处理。

二、架空敷设

架空敷设是在地面上或附墙支架上的敷设方式。它具有不受地下水位和土质的影响、便于运行管理、易于发现并消除故障的优点，但占地面积较大，管道热损失大，影响城市美观。

（一）架空敷设的形式

供热管道的架空敷设形式有以下三种，如图5-14所示。

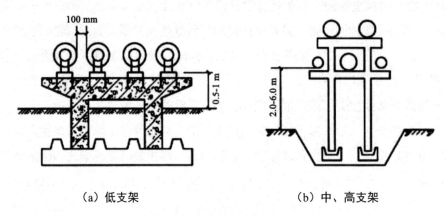

（a）低支架　　　　　　　　　　　（b）中、高支架

图 5-14　供热管道的架空敷设形式

（1）低支架敷设。在不妨碍交通、不影响厂区扩建的场合，可采用低支架敷设。通常是沿着工厂的围墙或者平行于公路或铁路敷设。供热管道保温结构底距地面净高不得小于0.3 m，以避免雨雪的侵袭。低支架敷设可以节省大量土建材料，建设投资少，施工安装方便，维护管理简单，但其适用范围较小。

（2）中支架敷设。在人行频繁和非机动车辆通行地段，可采用中支架敷设。管道保温结构底距地面净高为2.0～4.0 m。

（3）高支架敷设。高支架敷设的管道保温结构底距地面净高为4.0 m以上，一般为4.0～6.0 m，其在跨越公路、铁路或其他障碍物时采用。

架空敷设的供热管道可以和其他管道敷设在同一支架上，但应便于检修，且不得架设在腐蚀性介质管道的下方。

架空敷设所用的支架按其构成材料可分为砖砌结构、毛石砌结构、钢筋混凝土结构（预制或现场浇灌）、钢结构和木结构等。

架空敷设多采用独立式支架，为了加大支架间距，有时采用一些辅助结构，如在相邻的支架间附加纵梁、桁架、悬索、吊索等，从而构成组合式支架。

架空敷设通常适用于地下水位较高，年降雨量大，土质为湿陷性黄土或腐蚀性土壤，难以采用地下敷设的地段，或在工业企业中有其他管道可共架敷设的场合。

（二）架空敷设的要求

（1）按设计规定的安装位置、坐标，量出支架上的支座位置，安装支座。架空敷设的供热管道安装高度，应符合下列规定：

①人行地区不应低于2.5 m。

②通行车辆地区，不应低于4.5 m。

③跨越铁路距轨顶不应低于6 m。

④安装高度以保温层外表面计算。

（2）支架安装牢固后，进行架设管道安装，管道和管件应在地面组装，长度以便于吊装为宜。

（3）按预定的施工方案进行管道吊装。架空管道的吊装一般使用机械吊装或桅杆吊装，如图5-15所示。绳索绑扎管子的位置要尽可能使管子不受弯曲或少弯曲。架空敷设要按照安全操作规程施工。为防止管子从支架上滚下来发生事故，吊上去还没有焊接的管段，要用绳索把它牢固地绑在支架上。

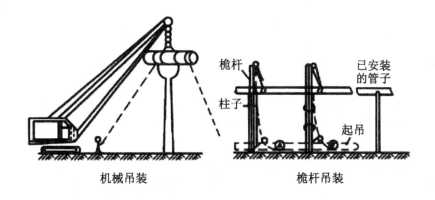

机械吊装　　　　　　　　桅杆吊装

图 5-15　架空管道吊装

（4）管道安装的坡度要求如下：

①热水采暖和热水供应的管道及汽、水同向流动的蒸汽和凝结水管道，坡度一般为0.003。

②为利于系统排水和放气，汽、水逆向流动的蒸汽管道，其坡度不得小

于0.005。

（5）采用丝扣连接的管道，吊装后随即连接；采用焊接时，管道全部吊装完毕后再焊接。焊缝不许设在托架和支座上，管道间的连接焊缝与支架的距离应大于150～200 mm。

（6）按设计和施工各规定位置，分别安装阀门、集气罐、补偿器等附属设备并与管道连接好。

（7）管道安装完毕，要用水平尺在每段管上进行一次复核，找正调直，使管道在一条直线上。

（8）摆正或安装好管道穿结构处的套管，填堵管洞，预留口处应加好临时管堵。

（9）按设计或规定的压强进行冲水试压，合格后办理验收手续，并把水排净。

（10）管道防腐保温，应符合设计要求和施工规范规定，注意做好保温层外的防雨、防潮等保护措施。

三、地沟敷设

（一）地沟形式

根据地沟尺寸是否适于维修人员通行，地沟可以分为不通行地沟、半通行地沟和通行地沟。

1.不通行地沟

不通行地沟是净空尺寸仅能满足敷设管道的基本要求、人不能进入的地沟。不通行地沟造价低，占地面积较小，是城镇管道经常采用的敷设方式，一般用于管道间距较小、管子规格较小、不需要经常检修维护的管道上。热水或蒸汽管道采用地沟敷设时，应首选不通行地沟。

不通行地沟净高不超过1.0 m，沟宽一般不超过1.5 m。不通行地沟如图5-16所示。

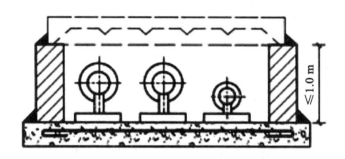

图 5-16　不通行地沟

2.半通行地沟

半通行地沟净高不小于1.2 m，人行通道宽度不小于0.5 m。半通行地沟每隔60 m应设置一个检修出口。当采用通行地沟困难时，可采用半通行地沟敷设，以利于管道维修，缩小大修时的开挖范围。

在半通行地沟内，维修人员可以进行管道检查并完成小型修理工作，但更换管道等大型修理工作仍需挖开地面进行，其结构形式如图5-17所示。

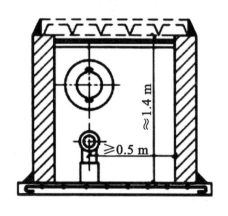

图 5-17　半通行地沟

3.通行地沟

通行地沟是工作人员可以直立通行的地沟。其土方量大，建设投资高。通行地沟应设事故人孔。设有蒸汽管道的通行地沟，事故人孔间距不应大于100 m；设有热水管道的通行地沟，事故人孔间距不应大于400 m。

通行地沟的结构如图5-18所示。当管道数量多，需要经常检修，或与主要公路和铁路交叉不允许开挖路面时采用。通行地沟净高不小于1.8 m，通道宽0.6～0.7 m。

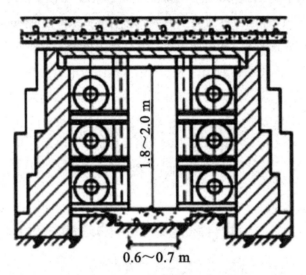

图 5-18　通行地沟

根据工人检修劳动保护条件的要求，沟内空气温度不应超过40～50 ℃；应有良好的通风条件，尽量利用自然通风，特殊情况可使用机械通风；应有电压不超过36 V的安全照明设施。

（二）施工要求

地沟敷设的施工要求如下：

（1）将钢管放到沟内，逐段码成直线进行对口焊接，连接好的管道找好坡度。泄水阀安装在阀门井内。

（2）找正钢管，使管子与管沟壁之间的距离能保证管子可以横向移动。在同一条管道两个固定支架间的中心线应为直线，每10 m偏差不应超过5 mm。整个管段在水平方向上的偏差不应超过50 mm，在垂直方向上的偏差不应超过10 mm。一旦管道位置调整好，就应立即将各固定支架焊死，管道与支架间不应有空隙，焊口也不准放在支架上。

（3）供热管道的热水、蒸汽管，应敷设在载热介质前进方向的右侧。

（4）地沟内的管道，其安装位置宜符合下列规定：

①管道自保温层外壁到沟壁面（净距）：100～150 mm。

②管道自保温层外壁到沟底面（净距）：100～200 mm。

③管道自保温层外壁到沟顶（净距）：不通行地沟为50～100 mm，半通行地沟和通行地沟为200～300 mm。

（5）焊接活动支架：不同管径的活动支架间距按表5-3确定。

表 5-3 活动支架间距表

管径/mm	25	50	75	100	125	150	200	250	300	350	400	450	500	600
支架间距/m	2	3	4	4.5	5	6	7	8	8.5	9	9	9.5	70	70

（6）安装阀门，并分段进行水压试验，试验压强为工作压强的1.5倍，但不得小于0.6 MPa，同时检查各接口有无渗漏水现象，且10分钟内压强降小于0.05 MPa。然后降至工作压强，做外观检查，以不漏为合格。

第七节　采暖系统附属设备安装

采暖系统的附属设备主要包括膨胀水箱、排气装置、减压阀、疏水器、除污器、调压孔板、热量表和安全阀等。这些附属设备对保证供暖安全和采暖系统正常运行起着重要作用。

一、膨胀水箱的制作与安装

自然循环系统的膨胀水箱安装在供水总立管上部，机械循环系统的膨胀水箱安装在水泵吸入口处的回水干管上，安装高度应至少超过采暖系统的最高点1 m。

（一）膨胀水箱的制作

一般膨胀水箱有圆形和方形两种，通常用钢板焊接而成，有多种规格。当膨胀水箱的有效容积不超过5 L时，可以用$DN=150$ mm的钢管制作。

水箱上口与大气相通的端面应在车床上车平，用白铁皮做一个凹入水箱的弧形盖（半径$R=200$ mm），在水箱中间钻一个直径为3 mm的孔。

（二）膨胀水箱的安装

1.画线定位

按设计要求量尺、画线，做出安装位置的记号，一般画一对边线和一侧的中心线。

2.水箱就位

根据水箱间的情况，可以在钢板下好料后，将其运至安装现场就地焊制组装，也可将水箱预制后吊装就位。若选用后者，用吊装设备将水箱吊起，送往水箱间的水箱支座上方，当水箱的中心线、边线与水箱支座上的定位线重合时，落下吊钩；然后用水平尺和垂线检查水箱的平正程度；最后用撬棍或千斤顶调整各角的标高、垫实垫铁。

3.水箱接管

（1）膨胀管在重力循环系统中接至供水总立管的顶端；在机械循环系统中接至系统的恒压点，一般选择在锅炉房循环水泵吸水口前。

（2）循环管接至系统定压点前的水平回水干管上。为防止水箱结冰，该节点与定压点的距离为2～3 m，使热水有一部分能缓慢通过膨胀管和循环管流经水箱。

（3）为方便观察膨胀水箱内是否有水，信号检查管接向建筑物的卫生间，或接向锅炉房，一般装在距膨胀水箱顶部100 mm的侧面。

（4）对于溢流管，当水膨胀使系统内水的液面超过水箱溢流管口时，水自动溢出，溢出的水可排入下水管道，但溢流管不能直接连接下水管道。

（5）排水管在清洗水箱后放空用，可与溢流管一起接至附近排水处。

4.水箱试验

配管完毕后，应加上管堵，并进行试验。对于敞口水箱应做满水试验，而对于密闭水箱则应进行水压试验。

二、排气装置的加工与安装

采暖系统的排气装置的作用是排除系统中积存的空气，以防止在管道或散热设备内形成空气阻塞。排气装置主要有集气罐和自动排气阀等。

集气罐通常安装在供水干管的末端。在热水进入集气罐后，流速迅速降低，水中的气泡便自动浮出水面，聚集在集气罐的上部。在系统运行时，应定期打开排气阀，排除系统中的空气。

自动排气阀用于标准较高的采暖系统中，工作时依靠水的浮力，通过杠杆传动，使排气孔自动启闭，实现自动排气阻水的功能。

（一）排气装置加工

在排气装置中，需加工预制的是集气罐，主要有立式集气罐和卧式集气罐两种，其结构如图5-19所示。集气罐用直径为100～250 mm的短管制成，顶部装有放气管，其内径为15 mm。

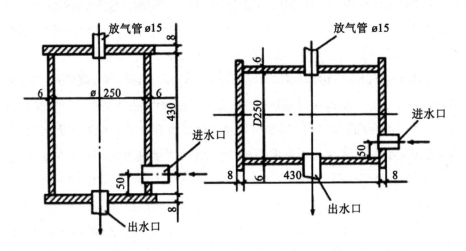

（a）立式集气罐的结构　　　　　　（b）卧式集气罐的结构

图 5-19　集气罐的结构（单位：mm）

（二）排气装置安装

1.集气罐安装

集气罐应安装在采暖系统的最高点。为防止安装中出现集气罐与楼板相碰、集气罐的出气管顶在楼板上等现象，施工前应仔细核对坡度，做好管道坡度的交底，并在安装管道时控制好坡度。当发现有矛盾时，应尽早与各方协商解决。集气罐的安装如图5-20所示，应在与主管道相连处安装可拆卸件。为利于空气的排除，其安装高度必须低于膨胀水箱，安装好的集气罐应横平竖直。

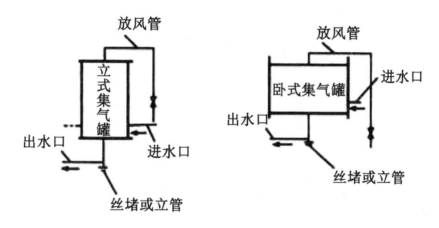

图 5-20　集气罐安装

2.自动排气阀安装

在系统试压和冲洗合格后，方可安装。一般设置在系统的最高点及每条干管的高点和终端。施工时，先安装自动止断阀，然后拧紧自动排气阀。

3.手动排气阀安装

手动排气阀即冷风阀。水平式或下供下回式的系统，有时靠安装在散热器上部的冷风阀进行排气。冷风阀旋紧在散热器上专设的丝孔上，以手动方式排出散热器中的空气。有的冷风阀用专用钥匙才能开启，以防止人为放水。

三、减压阀的组装、安装与调压

减压阀在蒸汽供热管道系统中的作用是将高压蒸汽变为低压蒸汽，达到采暖的正常工作压强。

（一）减压阀的组装

在施工中，减压阀先和压强表、安全阀等部件预装成减压器。减压器前后应安装压强表。减压后的管道还应安装安全阀，当超压时，安全阀起泄压报警作用，安全阀的排气管应安装在室外。

（二）减压阀的安装

（1）减压阀的安装高度：设在离地面约1.2 m处，沿墙敷设；设在离地面约3 m处，并设永久性操作台。

（2）蒸汽系统的减压阀组前，应设置疏水阀。

（3）若系统中的介质带渣物，则应在阀组前设置过滤器。

（4）为了便于减压阀的调整工作，减压阀组前后应装压强表。阀组后应装安全阀，以防止减压阀后的压强超过容许限度。

（5）减压阀有方向性，安装时注意勿将方向装反，并应使其垂直安装在水平管道上。波纹管式减压阀用于蒸汽时，波纹管应朝下安装；用于空气时，需将阀门反向安装。

（6）对于带有均压管的鼓膜式减压阀，均压管应装于低压管一边，如图5-21（c）所示。

（7）减压阀安装如图5-21所示，各部尺寸见表5-4、表5-5。

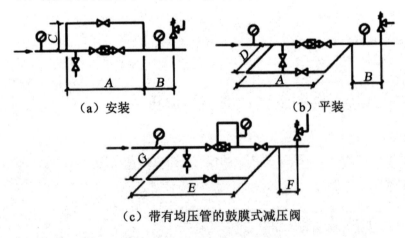

（a）安装 　　　　　　　　　　（b）平装

（c）带有均压管的鼓膜式减压阀

图5-21　减压阀安装形式

表 5-4 减压阀安装尺寸

单位：mm

型号	A	B	C	D	E	F	G
DN25	1 100	400	350	200	1 350	256	200
DN32	1 100	400	350	200	1 350	250	200
DN40	1 300	500	400	250	1 500	300	250
DN50	1 400	500	450	250	1 600	300	250
DN65	1 400	500	500	300	1 650	300	350
DN80	1 500	550	650	350	1 750	350	350
DN100	1 600	550	750	400	1 850	400	400
DN125	1 800	600	800	450	—	—	—
DN150	2 000	650	850	500	—	—	—

表 5-5 减压器配管尺寸表

单位：mm

d_1	d_2	d_3	安全阀	
			类型	规格
20	50	15	弹簧式	20
25	70	20	弹簧式	20
32	80	20	弹簧式	20
40	100	25	弹簧式	25
50	100	32	弹簧式	32
70	125	40	杠杆式	40
80	150	50	杠杆式	50
100	200	80	杠杆式	80
125	250	80	杠杆式	80
150	300	100	杠杆式	100

注：d_1、d_2、d_3 分别为高压蒸汽管、低压蒸汽管和旁通管的管径，其中 d_2 为参考尺寸。

（三）减压阀的调压

减压阀安装完后，应根据工作压强进行调试，并做出调试后的标志。调试时，先开启低压端截止阀，关闭旁通阀，慢慢打开高压端截止阀，在蒸汽通过减压阀后，压强下降，须随时观察压强表。在室内管道及设备都充满蒸汽后，继续开大高压端截止阀，及时调整减压阀，直到低压端压强达到要求为止。

四、疏水器的分类、组装与安装

（一）疏水器的分类

1.机械型疏水器

机械型疏水器也称浮子型疏水器，利用凝结水与蒸汽的密度差，通过凝结水液位变化，使浮子升降带动阀瓣开启或关闭，达到阻气排水目的。机械型疏水器的过冷度小，不受工作压强和温度变化的影响，有水即排，能使加热设备里不存水，从而达到最佳换热效率。机械型疏水器最大背压率为80%，工作质量高，是生产工艺加热设备最理想的疏水器。

机械型疏水器有自由浮球式、自由半浮球式、杠杆浮球式、倒吊桶式等类型。

2.热静力型疏水器

热静力型疏水器是靠蒸汽和冷却的凝结水与空气之间的温差来工作的。蒸汽增加热静力元件内部的压强，使疏水阀关闭。凝结水和不凝结气体在集水管里积存，温度开始下降，热静力元件收缩，打开阀门。在疏水阀前积存的凝结水量，取决于负荷条件、蒸汽压强和管道尺寸。

热静力型疏水器有双金属片式、波纹管式等类型。

3.热动力型疏水器

这类疏水器根据相变原理，靠蒸汽和凝结水通过时的流速和体积变化不同的热力学原理，使阀片上下产生不同压差，驱动阀片开关阀门。因为热动力型疏水器的工作动力来源于蒸汽，所以蒸汽浪费比较大。此外，其结构简单、耐水击、最大背压率为50%，有噪声，阀片工作频繁，使用寿命短。

热动力型疏水器有圆盘式、脉冲式、孔板式等类型。

（二）疏水器的组装

按设计选定型号的要求，先进行疏水器的定位、划线和试组对，然后根据图5-22和表5-6进行组装。

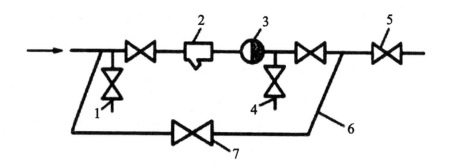

1—冲洗管；2—过滤器；3—疏水器；4—检查管；

5—止回阀；6—旁通管；7—截止阀。

图 5-22　疏水器组装示意图

表 5-6　疏水器组装尺寸

单位: mm

型号		规格					
		DN15	DN20	DN25	DN32	DN40	DN50
浮筒式	A	680	740	840	930	1 070	1 340
	H	190	210	260	380	380	460
	A_1	800	860	960	1 050	1 190	1 500
	B	200	200	220	240	260	300
倒吊桶式	A	680	740	830	900	960	1 140
	H	180	190	210	230	260	290
	A_1	800	860	950	1 020	1 080	1 300
	B	200	200	220	240	260	300
热动力式	A	790	860	940	1 020	1 130	1 360
	H	170	170	180	190	210	230
	A_1	910	980	1 060	1 140	1 250	1 520
	B	200	200	220	240	260	300
脉冲式	A	750	790	870	960	1 050	1 260
	H	170	180	180	190	210	230
	A_1	870	910	990	1 080	1 170	1 420
	B	200	200	220	240	260	300

（三）疏水器的安装

疏水器安装是否合理, 对疏水器的工作情况和加热设备的效率都有直接影响。疏水器的安装要求如下:

（1）在安装疏水器前一定要清除管道中的杂物。

（2）在疏水器前要安装过滤器, 使疏水器不受杂物堵塞, 并定期清理过滤掉的杂物。

（3）疏水器前后要安装阀门, 并设有旁通管, 以便随时检修疏水器。

（4）凝结水的流向应与疏水器的箭头标示一致。

（5）疏水器应安装在设备出口的最低处或易于排水的地方，以便及时排出凝结水。

（6）排水点至疏水器前的配管需适当向下倾斜，并避免安装竖管，减少弯曲，让凝结水自然流入疏水器，以避免气锁和气阻。

（7）疏水器应尽量靠近加热设备安装。

（8）多个疏水器后并入同一根管，应在疏水器后安装止回阀，防止凝结水回流。

（9）在蒸汽主管上安装疏水器，要先开设同样大小或半径大于主管道的集水井，再用小管引至疏水器安装点。

（10）如果发现疏水器泄漏，则要及时清理杂物和排污，根据工况及时检查，遇到故障随时维护。

（11）疏水器一般靠墙布置，安装时先在疏水器两侧阀门以外适当处设置型钢托架，托架栽入墙内的深度不得小于120 mm。经找平找正，待支架埋设牢固后，将疏水器搁在托架上就位。疏水器中心距墙不应小于150 mm。

（12）疏水器的连接方式一般为：当疏水器的公称直径$DN \leqslant 32$ mm时，压强$PN \leqslant 0.3$ MPa，或当疏水器的公称直径$DN = 40 \sim 50$ mm时，压强$PN \leqslant 0.2$ MPa，可以采用螺纹连接；其余均采用法兰连接。

五、除污器安装

除污器用于定期排除系统中的污物，通常设置在用户引入口或循环水泵入口处，也可设置在锅炉房内。

为避免妨碍污物收集清理，除污器支架位置要避开排污口。

为保证除污和耐腐的功能，须检查除污器过滤网的材质、规格，其均应符合设计要求和产品质量标准的规定。除污器内应设有挡水板，出口处必须有小于5 mm×5 mm的金属网或钢管板孔，上盖用法兰连接，盖上装放气管，底部装排污管及阀门。须找准安装位置和出入口方向，不得装反。还应配合土建在排污口的下方设置排污（水）坑。除污器的安装如图5-23所示。

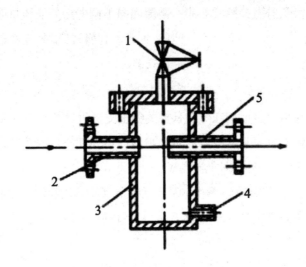

1—排气网；2—进水管；3—筒体；4—排污丝堵；5—出水管。

图 5-23　除污器的安装

六、调压孔板安装

调压孔板的作用是减压，安装于采暖系统的高压入口处。调压孔板是用不锈钢或铝合金制作的圆板，开孔的位置和直径由设计确定。调压孔板的安装如图5-24所示。

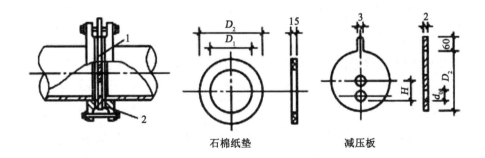

石棉纸垫　　　　　减压板

1—调压板；2—石棉纸垫。

图 5-24　调压孔板的安装（单位：mm）

注：d_0 为减压孔板孔径。

七、热量表的组装与安装

热量表安装在集中供热的民用住宅或公用建筑中每个热用户的热水入口处，用于计量用户在采暖期间实际消耗的热量，提供按热量收费的依据。其工作原理是：当水流经系统时，根据流量传感器给出的流量和配对温度传感器给出的供回水温度，以及水流经的时间，通过计算器计算并显示该系统所释放或吸收的热量。

（一）热量表组装

热量表组装时要求水平安装在进水管或出水管上，进口前必须安装过滤器。选型时要根据系统水流量，而不能根据热量表管径，一般热量表管径比入户管径小。

（二）热量表安装

安装前应对管道进行冲洗，并按要求设置托架。

1.分体式热量表安装

（1）流量计安装

应根据生产厂家要求，保证前后管段的要求。

（2）积分仪安装

①积分仪可以水平、垂直或倾斜安装在铜管段的托板上。

②积分仪的环境温度不高于55 ℃，否则应将积分仪和托板取下，安装在环境温度低的墙上。

③当水温高于90 ℃时，应将积分仪和托板取下，安装在墙上。

④当热量表作为冷量表使用时，应将积分仪和托板取下，安装在墙上；同时，为防止冷凝水顺电线滴到积分仪上，积分仪应高于管段。

（3）温度传感器安装

不同温度传感器的安装要求不同，为保证套管末端处在管道中央，应根据管径不同，将温度传感器安装为垂直或逆流倾斜位置，倾斜安装时套管应迎着水流方向与供暖管道成45°角，连接方式为焊接。套管位置设置好后，将温度探头插入，用固定螺帽拧紧。温度传感器安装后应铅封好。

2.整体式热量表安装

整体式热量表的安装如图5-25所示。此外，还可将显示部分与主体部分分体安装，实现远程集中抄表。

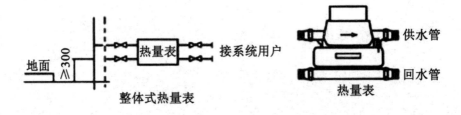

图 5-25　整体式热量表安装（单位：mm）

八、安全阀安装

（1）杆式安全阀要有防止重锤自行移动的装置和限制杠杆越出的装置。

（2）弹簧式安全阀要有提升手把和防止随便拧动调整螺钉的装置。

（3）静重式安全阀要有防止重片飞脱的装置。

（4）安全阀应垂直安装在设备或管道上，布置时应考虑便于检查和维修。设备容器上的安全阀应装在其开口上，或尽可能装在接近设备容器出口的管段上，但要注意不得装在小于安全阀进口通径的管路上。

（5）安全阀的安装方向应使介质由阀瓣的下面向上流动。重要的设备和管道应该安装两个安全阀。

（6）安全阀入口管线直径不得小于阀的入口直径，安全阀出口管线直径不得小于阀的出口直径。

（7）安全阀的出口管道应向放空方向倾斜，以排除余液，否则应设置排液管。排液阀平时关闭，定期排放。在可能发生冻结的场合，排液管道要用蒸汽伴热。

（8）安装安全阀时，也可以根据生产需要，按安全阀的进口公称直径设置一个旁路阀，作手动放空用。

第六章　暖通工程中
通风空调系统的安装

通风系统可以独立设置，而空调系统一般需要与通风系统组成一个整体，且关系紧密，即通风空调系统。下面将主要介绍通风空调系统的安装。

第一节　通风空调系统安装
常用的材料与机具

一、常用材料

通风空调系统安装所用材料的材质、规格必须符合设计要求和施工规范规定，并具有出厂合格证书或质量鉴定文件。材料质量应符合下列要求：

（1）板材表面应平整，厚度应均匀，不应有裂纹、气孔、窝穴及其他影响质量的缺陷。

（2）型钢应规整，厚度均匀，无影响质量的缺陷。

（3）其他材料不能有导致成品强度降低或影响成品使用效能的缺陷。

通风空调系统安装所用材料一般分为主材和辅材两类。主材主要指构成风管的板材及其支架材料型钢；辅材是指风管连接用的铆钉等辅助材料。

（一）常用风管板材

风管板材主要分金属板材和非金属板材两大类。其中，金属板材应用广泛，本章介绍的通风空调系统的安装就以此种板材为主。

1.金属板材

（1）普通薄钢板

普通薄钢板又称黑铁皮，是用热轧的方式将碳素软钢轧制而成，厚度为 0.3～2.0 mm。它具有良好的机械强度和加工性能，价格便宜，所以在通风空调系统的安装中广泛使用。但其表面易生锈，故应进行刷油防腐。

（2）镀锌薄钢板

镀锌薄钢板是在普通薄钢板表面镀锌制成的，又称白铁皮，其表面锌层起防腐作用，故无须刷油防腐，比普通薄钢板施工更方便。

（3）不锈钢板

不锈钢板又叫耐酸钢板，具有耐酸耐腐蚀能力，分为热轧不锈钢板（厚度为 1.0～2.2 mm）和冷轧不锈钢板（厚度为 0.5～2.0 mm）两类。

（4）铝合金板（铝板）

铝合金板是以铝为主，加入一种或几种其他元素（如铜、镁、锰等）制成的，具有重量轻、塑性及耐腐蚀性好、易于加工等特点，并且在摩擦时不易产生火花，故常用于通风空调系统中的防爆系统，厚度为 0.5～2.0 mm。

（5）塑料复合钢板

此种板材是在普通薄钢板表面喷上一层 0.2～0.4 mm 厚的塑料层，强度大，又有耐腐蚀性能，常用于防尘要求较高的通风空调系统和温度在－10～70 ℃下耐腐蚀系统的风管。

2.非金属板材

非金属板材包括硬聚氯乙烯塑料板、玻璃钢（玻璃纤维增强塑料）板、炉渣石膏板等。

另外，在民用建筑中也可用砖、混凝土等材料砌筑风道。

（二）常用的型钢

型钢在通风空调系统安装中主要做设备支架、框架，风管支、吊架等，常用的型钢有角钢、槽钢、工字钢、扁钢、圆钢等。

（三）辅助材料

1.铆钉

铆钉用于板材与板材、风管或配件与法兰之间的连接。通风空调系统安装中常使用的铆钉有抽芯铆钉、半圆头铆钉和平头铆钉等。其中，抽芯铆钉又叫拉拔铆钉，它由防锈铝合金与钢丝材料制成，使用时用拉铆枪抽出钢钉，铝合金即自行膨胀，形成肩胛将材料紧密铆牢。使用这种铆钉施工方便、工效高，且可消除手工敲打时产生的噪声。

2.塑料

（1）石棉绳

石棉绳由矿物中的石棉纤维加工编制而成，其一般使用直径为 3～5 mm，适合用作输送高于 70 ℃的空气或烟气的风管的垫料。

（2）橡胶板

橡胶板具有弹性，多用作严密性要求较高的除尘系统和空调系统中的垫料。

（3）石棉橡胶板

石棉橡胶板融合了石棉纤维和橡胶二者的优点，厚度为 3～5 mm，适合用作输送高温气体的风管的垫料。

（4）软聚氯乙烯塑料板

软聚氯乙烯塑料板具有良好的弹性和耐腐蚀性，适合用作输送含有腐蚀性气体的风管的垫料。

（5）闭孔海绵橡胶板

闭孔海绵橡胶板表面光滑，内部有空隙，弹性良好，适合用作输送产生凝结水或含有潮湿空气的风管的垫料。

二、常用机具

（一）手电钻和手枪电钻

手电钻是由交直流两用电动机、减速箱、电源开关、三爪齿轮夹头和铝合金外壳等几部分组成的。与手枪电钻相比，手电钻的钻孔直径更大。单相手电钻的钻孔直径为4～23 mm。

手枪电钻比手电钻更灵便，其规格见表6-1。

表6-1　手枪电钻规格

型号	J_1Z-6	J_1Z-10	J_1Z-13
钻头直径/mm	0.5～6	0.8～10	1～13
额定电压/V	220	220	220
额定功率/W	150	210	250
额定转速/（r·min^{-1}）	1 400	2 300	2 500
钻卡头形式	三爪齿轮夹头		

（二）电动钻孔机

电动钻孔机为单轴单速，用于钢材、木材、塑料、砖及混凝土的钻孔。电动钻孔机有以下两种类型：

直式电动钻孔机——钻杆与电动机同轴或并轴；

角式电动钻孔机——钻孔与电动机转轴之间有一定角度。

长期存放电动钻孔机时，室内温度最好在5～25 ℃，相对湿度不超过70%。在第一次大修前的使用期限（按正常操作）应不少于1 500 h。常用电动钻孔机的主要技术参数见表6-2。

表 6-2　常用电动钻孔机的主要技术参数

型号	J_1ZC-10	J_1ZC-20
额定电压/V	220	220
额定转速/（r·min⁻¹）	$\geqslant 1\,200$	$\geqslant 1\,300$
额定转矩/（N·m²）	0.009	0.035
最大钻孔直径/mm	6	12

（三）冲击电钻

冲击电钻是一种旋转并伴随冲击运动的特殊电钻。它除了可以在金属上钻孔，还能在混凝土、砖墙及瓷砖上钻孔，以便使用膨胀螺栓来固定风管支架。

常用冲击电钻的性能见表 6-3。

表 6-3　常用冲击电钻的性能

型号	额定电压/V	最大钻孔直径/mm	冲击次数/（次·min⁻¹）	钻头转速/（r·min⁻¹）	重量/kg
Z_3ZD-13	380	13	6 360	530	6.5
JZC_1-12	220	12	15 000	700	3
Z_1JH-13	220	13（钻钢） 16（钻混凝土）	$\geqslant 6\,000$	$\geqslant 500$	3.9
Z_1JS-16	220	6～10（钻钢） 10～16（钻混凝土）	30 000～14 000	—	2.5

使用冲击电钻时应注意以下事项：

（1）冲击电钻要避免长期暴晒，避免与油类或其他溶剂相接触，以保证塑料机壳的绝缘强度。

（2）使用冲击电钻时，电源电压应与铭牌规定的电压相符合。

（3）在使用冲击电钻的过程中如果需要变速，则应先停机，再拨动变速装置。

（4）在钢筋混凝土上钻孔时，应注意避开钢筋，以免碰到钢筋时用力过猛而发生意外。

（5）钻深孔时，应不时将钻头向外提几次，以便排出渣屑。

（6）使用时不能堵塞进出风道，以保持散热良好。

（7）要经常检查电机的工作状态，保持各通风孔的清洁。

（8）必须定期保养，使冲击装置一直有足够的润滑剂。

（四）电锤

电锤用于混凝土、砖墙和岩石上钻孔、开槽，是具有单独空程冲击、旋转冲击等多种用途的手持工具。

常用的电锤型号有 Z_1C-12、Z_1C-16、Z_1C-22、Z_1C-26，其钻孔直径分别为 12 mm、16 mm、22 mm、26 mm。

电锤由单相串激电机、变速机构、冲击机构、安全离合器、转钎机构、卡钎机构等主要部件组成，可做冲击运动和旋转运动。

当使用硬质合金钻头在砖石、混凝土上打孔时，钻头旋转兼冲击，操作者无须施加压强；当硬质合金钻头用于开槽、夯实、打毛等操作时，工具与旋转运动脱开，只做冲击运动。

在使用电锤时应注意以下事项：

（1）工作前应观察油标油位，如果油量不足，则应揭开盖板加注说明书规定的机油。

（2）使用电锤时将钻头顶在工作面上，适当用力，然后按下开关，这样可以避免只转不冲或损坏工具和空打。在钻孔过程中，当钻头碰到钢筋时应立即退出，重新选位打孔。

（3）钻头旋转方向从操作端看为顺时针，电机旋转方向在出厂时已经设置好，维护时不要随意更改，更不要反转，以免损坏工具。

（4）发现电锤过热时应停止使用，待自然冷却后再使用，严禁用冷水冷却机体。

（5）在长时间使用电锤的情况下，应用兆欧表测量绕组的绝缘电阻，若低于 2 MΩ，则应进行干燥处理。

（五）金刚石钻机

金刚石钻机具有下钻速度快、钻孔直径大的特点，可用于钢筋混凝土、岩石、砖墙、陶瓷等坚硬材料上的钻孔施工。

例如，飞灵牌金刚石钻机使用超强力高效电机，外壳全部为优质合金，坚固耐用、质量稳定，现有 Z1Z-350、Z1Z-200、Z1Z-180、Z1ZS-100、Z1ZS-50等型号，钻孔直径为 14～350 mm，钻孔深度为 2 m。各项性能指标均达到或超过国际同类产品的先进水平，见表 6-4。

表 6-4　飞灵牌金刚石钻机的性能指标

项目	单位	型号				
		Z1ZS-350	Z1ZS-200	Z1Z-180	Z1Z-100	Z1Z-50
形式	—	双速/配机架	双速/配机架	单速/配机架	单速/配机架	单速/手持式
空载转速	r/min	650/310	750/415	650	1 100	2 600
输出转矩	N·m	≥25/≥52	≥20/≥16	≥25	≥15	≥6
额定功率	W	≥3 000	≥2 500	≥2 200	≥2 200	≥2 200
额定电压	V	220/110	220/110	220/110	220/110	220/110
最大钻孔直径	mm	350	250	180	125	56
主机质量	kg	11.6	11.6	9.7	9.5	9.5
总质量	kg	29	21.5	20	19.5	10

（六）射钉枪

射钉枪是根据枪炮的原理，利用火药爆炸时产生的高压推进力，将尾部带有螺纹或平头形状的射钉直接射入混凝土、钢板或砖石砌体等坚硬物体，以用作固定构件。射钉的直径有 6 mm、8 mm、10 mm 等多种规格。当混凝土构件的厚度小于 100 mm 时，不宜采用射钉紧固。射钉位置不宜太靠近柱或墙角，以免柱边或墙角产生裂口，使射钉固定不牢。射钉位置距离混凝土构件边缘不得小于 100 mm，距离钢板构件边缘不得小于 20 mm。

因为各种射钉枪的构造、性能及所用炸药的类别不一样，所以射钉枪、射钉、弹药及射钉紧固附件均应使用同一个生产厂家的配套产品，不得和其他生产厂家的产品混用。在使用时必须严格按照说明书的要求去操作。在射钉时，砌体背面的人员应该暂时离开。操作人员应注意保护耳膜，避免伤害听觉。

（七）电动剪刀与电动曲线锯

电动剪刀适用于薄钢板、有色金属板及塑料板的直线或曲线剪切，目前国内生产的有 J_1J-1.5、J_1J-2、J_1J-3 和 J_1J-4.5 等四种型号，其剪切钢板的最大厚度分别为 1.5 mm、2 mm、3 mm 和 4.5 mm，最小曲率半径为 30～50 mm。通风空调系统安装过程中使用的电动剪刀主要适用于剪切厚度为 2.5 mm 以下的金属板材，尤其适合修剪圆弧和边角。

使用前，应先在油孔内和刀杆、刀架摩擦处滴入数滴 20 号机油，并空转 1 min，检查其传动是否灵活。然后根据剪切材料的厚度，调整两刀刃的横向间隙。若两刃口调节不当，则易出现卡剪现象。当剪切最大厚度钢板时，两刃口的横向间隙为 0.3～0.5 mm；当剪切较薄的钢板时，两刃口的横向间隙为钢板厚度的 0.2 倍。当剪切软而韧的材料时，两刃口的间隙减小；当剪切硬而脆的材料时，两刃口的间隙加大。

在操作中出现卡剪故障时，切勿用力扭动刀剪，以免损坏刀片等部件，只需停机重新调整两刃口的间隙，卡剪故障即可排除。

电动曲线锯能在薄钢板、有色金属板及塑料板等板材上锯出曲率半径较小的几何形状。目前常用的 J_1QZ-3 型电动曲线锯，锯条分粗、中、细三种，可根据板材的材质选择更换。锯切钢板的最大厚度为 3 mm。

对于电动剪刀及电动曲线锯，应进行定期保养，经常向油孔内注入润滑油，使用前在刀杆和刀架的摩擦处加润滑油。

第二节　风管的涂漆和保温

一、风管的涂漆

通风空调管道及部件一般都用普通薄钢板制成，安装后，会由于空气中的水分、灰尘及酸性、碱性物质附在金属表面而产生锈蚀。当输送含有酸性、碱性介质的气体时，管道内表面也会受到酸、碱的腐蚀。因此，如果风管不加以防护，很快就会被腐蚀，甚至无法使用。

为了保护和延长通风管道及部件的使用年限，首先应在设计时正确选用金属或非金属材料。镀锌钢板一般不需要涂漆。如果风管材料是普通薄钢板，就要在风管表面喷涂或刷涂油漆作为保护层，防止或减缓风管的腐蚀。

（一）风管的表面处理

为了使油漆起到防腐作用，除要求油漆本身能耐周围环境的腐蚀外，还要求油漆和风管表面结合牢固。

薄钢板表面一般总有各种杂物，如铁锈、油脂、氧化皮等。铁锈、氧化皮会影响油漆在钢板上的附着力，在漆膜下的钢板会继续生锈，使油漆层容易剥落。所以，风管表面应按需要做好处理才能使用。

一般大气环境中的风管，要求钢板表面除去浮锈，但允许致密的氧化层存在。用于化工环境中的风管，要求金属表面各种杂物完全清除干净，清理后的表面应呈均匀的灰白色。

风管的表面处理一般采用人工除锈或喷砂除锈的方法。

1.人工除锈

人工除锈适用于一般大气环境中的风管。风管表面的铁锈,可用钢丝刷、钢丝布或粗砂布除去,直到露出金属本色或致密的氧化层,再用棉纱或破布擦拭干净。

2.喷砂除锈

喷砂除锈一般用于化工环境中对防腐蚀要求较高、壁较厚的风管,并应在风管制作成形前进行。喷砂能除去钢板上的旧油漆层、铁锈、氧化皮等,经喷砂的钢板表面粗糙而均匀,因而增加了油漆的附着力,有利于保证涂层的质量。

喷砂就是用压缩空气把一定粒径的石英砂通过喷嘴喷射在钢板的表面,以除掉铁锈、氧化皮等杂物。施工现场使用的喷砂除锈装置较为简单,其喷砂流程如图 6-1 所示。

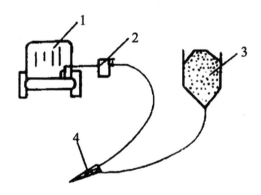

1—压缩机;2—油水分离器;3—砂斗;4—喷枪。

图 6-1　喷砂流程示意图

压缩空气的压强应保持在 0.35～0.4 MPa(钢板较厚时,压强可为 0.4～0.6 MPa)。喷砂所用的压缩空气不能含有水分和油脂,因此空气压缩机出口处应装设油水分离器。喷砂所用的砂粒,粒径要求为 1.5～2.5 mm,且坚硬而有棱角，除了应过筛除去泥土杂质，还应经过干燥处理。

喷砂操作时，应顺着气流方向，喷嘴与金属表面一般形成 70°～80°夹角，喷嘴与金属表面的距离一般在 100～150 mm 之间。经过喷砂的表面，若要呈现均匀的灰白色，则表面不得有遗漏处。

喷砂除锈的优点是效果好、效率高，缺点是产生的灰尘太多，易对周围环境造成污染。喷砂操作人应戴防护面罩。经过喷砂处理的风管表面，应尽快进行涂刷底漆工作，不可久置。

（二）风管的刷油

"油漆"原指用于防锈防腐蚀的各种油性漆料，但随着化学工业的发展，有机合成树脂原料被广泛采用，从而使油漆材料发生了很大变化，如果再沿用"油漆"一词，已不大恰当，因此应统称为"涂料"。当然，涂料只是泛指，对于具体的涂料品种，仍可称为某某漆。

涂漆防止风管腐蚀的方法应用较广、施工方便、成本较低。油漆能防腐蚀，是因为它形成的漆膜把风管的金属表面和周围空气隔离开了。手工涂刷时，应往复、纵横交错进行，以保证涂层均匀、漆膜连续无孔；喷漆是以压缩空气为动力进行喷涂。

油漆类别和涂刷道数应按设计确定。一般黑色金属常用的防锈漆有红丹酚醛防锈漆、铁红醇酸底漆等，常用的面漆有酚醛漆、醇酸漆、沥青漆、过氯乙烯漆、醇酸耐热漆、环氧树脂漆等。

应当注意的是，红丹酚醛防锈漆、铁红醇酸底漆或黑类底漆、防锈漆只适用于涂刷黑色金属表面，而不适用于涂刷铝、锌合金等轻金属表面。在用普通薄钢板制作风管前，应预涂防锈漆一道。风管支、吊架除底漆与风管一致外，还应涂刷面漆。

对于一般通风空调系统，薄钢板风管的油漆类别和涂刷道数见表 6-5。

表 6-5　薄钢板风管的油漆类别和涂刷道数

序号	风管类别	油漆类别和涂刷道数
1	一般薄制板风管	内表面涂防锈底漆 2 道 外表面涂防锈底漆 1 道 外表面涂面漆（调和漆等）2 道
2	输送温度高于 70 ℃的空气	内、外表面各涂耐热漆 2 道
3	输送含有粉尘的空气	内表面涂防锈底漆 1 道 外表面涂防锈底漆 1 道 外表面涂面漆 2 道
4	输送含有腐蚀性物质的气体	内外表面涂耐酸底漆 2 道以上 内外表面涂耐酸面漆 2 道以上

镀锌钢板用于一般通风空调系统，只要镀锌层不被破坏，就可以不涂防锈漆。如果镀锌层因受潮有泛白现象，或在加工中镀锌层损坏以及在洁净过程中需要，则应涂刷防锈层。应采用锌黄类底漆，如锌黄酚醛防锈漆、锌黄醇酸防锈漆等。锌黄能产生水溶性铁酸盐使金属表面钝化，具有良好的保护性，对铝板、钢板的镀锌表面有较好的附着力。

现场涂漆一般任其自然干燥，应保证漆膜干燥。涂层未经干燥，不得进行下一道工序的施工。

二、风管的保温

（一）保温的概念

在通风空调系统的安装中，为了保持经过系统处理的空气的温度，减少系统向外传递的热量或从外部传入系统的热量，降低系统运转时的能量损失，必须对风管采取绝热措施。

当风管内的空气温度高于外部环境温度时，要防止通风空调系统的热量向外传递，这种情况下采取的绝热措施称为保温；当风管内的空气温度低于外部环境温度时，要防止外部环境的热量向通风空调系统传递，这种情况下采取的绝热措施称为保冷。虽然保温和保冷有所不同，但是在实际工程中还是习惯统称为保温。风管的所谓保温，实际上多数情况是为了保冷。

保冷结构的热传递方向是由外向内，在夏季气温较高、相对湿度较高的情况下，当渗入绝热材料缝隙内的空气中的水蒸气遇到风管的冷表面而达到其露点时，就会产生凝结水，从而导致绝热材料的保冷性能降低，发霉腐烂，甚至造成损坏等后果。因此，保冷结构和保温结构的区别在于：保冷结构的绝热层外必须设有防潮层，以防止外界空气的渗入；而保温结构除用于室外露天情况外，一般不设置防潮层。

（二）保温的目的

通风空调系统保温的主要目的是减少冷量或热量的损失，提高系统运行的经济性；对于恒温恒湿空调系统，能减小送风温度的波动范围，保证恒温恒湿房间的调节精度。对于排送高温空气的通风空调系统，为了降低工作环境温度，对风管也应采取保温措施。

（三）保温材料的选用

保温材料应具有导热系数低、质轻难燃、耐热性能稳定、吸湿性弱、易于成型等特点。一般通风空调系统安装常用的保温材料有岩棉、玻璃棉、聚苯乙烯泡沫塑料、聚氨酯泡沫塑料、聚乙烯泡沫塑料等，而过去常用的矿渣棉已经极少使用了。对防火有特殊要求的一般通风空调系统，必须选用不燃的保温材料；对防尘有特殊要求的洁净空调系统，不允许采用卷、散保温材料。

（四）保温结构

1.矩形风管岩棉或玻璃棉毡（板）保温钉固定结构

把保温钉黏结在风管上，用保温钉来固定岩棉或玻璃棉毡（板）的保温结构，已在通风空调系统中广泛采用。

保温钉的材质有铁和塑料两种。施工时应将风管外表面的油污、杂物擦干净，用胶黏剂把保温钉粘在风管表面。将岩棉或玻璃棉毡（板）铺在风管表面，使保温钉的尖端穿透保温毡（板）。塑料保温钉与垫片利用鱼刺形刺而自锁；铁质保温钉与垫片的固定，是把保温钉的端部扳倒。保温钉的外形如图 6-2 所示。

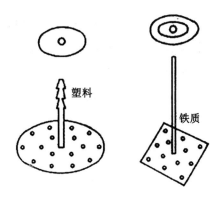

图 6-2 保温钉的外形

风管绝热层采用保温钉连接固定时，应符合以下规定：

（1）保温钉与风管、部件及设备表面的连接，可采用黏接或焊接，结合应牢固，不得脱落。焊接后应保持风管的平整，并且不应影响镀锌钢板的防腐性能。

（2）矩形风管或设备保温钉的分布应均匀，其数量为：底面每平方米不应少于 16 个，侧面每平方米不应少于 10 个，顶面每平方米不应少于 8 个。首行保温钉至风管或保温材料边沿的距离应小于 120 mm。

（3）风管法兰部位的绝热层厚度，不应小于风管绝热层的 80%。

（4）带有防潮隔汽层的绝热材料的拼缝处，应用粘胶带封严。粘胶带的宽度不应小于 50 mm。粘胶带应牢固地粘贴在防潮层上，不得有胀裂和脱落。

目前，市场上黏接保温钉的胶黏剂品种较多，在进行施工前应对选用的胶黏剂进行检验。

采用岩棉或玻璃棉毡（板）保温钉保温的方法时，如果操作者不认真处理风管表面，就会使保温钉与风管黏接不牢，造成保温材料坠落。为了预防保温钉脱落，可用打包钢带（或尼龙带）每隔一定距离对保温毡（板）进行加固。

岩棉或玻璃棉毡（板）的外层一般用铝箔玻璃布包扎，其接缝的连接处用铝箔玻璃布胶带黏接，使之成为保温的整体。国内已有保温外护层复合铝箔材料的系列产品。

目前，国内还生产这样一种岩棉或玻璃棉毡（板）：外层已直接贴有铝箔玻璃布或铝箔牛皮纸，可减少外覆铝箔玻璃布防潮保护层的工序，只是用铝箔玻璃布胶带黏接保温毡（板）的横向和纵向接缝，使之成为一个保温整体。

保温钉固定保温材料的结构形式如图 6-3 所示。

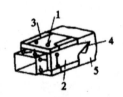 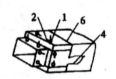 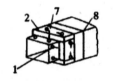

（a）室内明装　　　　（b）室内暗装　　　　（c）室外安装

1—保温钉；2—保温材料；3—镀锌薄钢板框；

4—胶黏剂；5—面层（玻璃布）；6—铝箔玻璃布；

7—防水纸（或沥青油毡）；8—镀锌薄钢板。

图 6-3　保温钉固定保温材料的结构形式

2.矩形风管聚苯乙烯泡沫塑料板黏接保温结构

聚苯乙烯泡沫塑料板分为自熄型和非自熄型两种。一般通风空调系统应采用具有防火特性的自熄型聚苯乙烯泡沫塑料板，在进行图纸会审和材料订货时必须加以明确。为避免日后运行存在隐患，在施工前必须对聚苯乙烯泡沫塑料板进行鉴定，鉴定可以采用点燃法。若是自熄型聚苯乙烯泡沫塑料板，则点燃后移开火源即熄灭；相反，若是非自熄型聚苯乙烯泡沫塑料板，则点燃后即使移开火源，仍可继续燃烧。

当风管保温层采用黏接方法进行固定时，施工应符合下列规定：

（1）胶黏剂的性能应符合使用温度和环境卫生的要求，并与保温绝热材料相匹配。如聚苯乙烯泡沫塑料板与风管的黏接，常采用树脂胶和热沥青。

（2）黏结材料宜均匀地涂在风管、部件或设备的外表面上，保温材料与风管、部件或设备的外表面应紧密贴合、无空隙。

（3）黏接时，要求塑料板拼搭整齐，小块的塑料保温板应放在风管上部。如果保温层为双层，则小块塑料保温板应放在里面，大块塑料保温板应放在外面，以求美观。保温层纵向、横向的接缝应错开。

（4）保温层黏接后，如果进行包扎或捆扎，则包扎的搭接处应均匀、贴紧；捆扎应松紧适度，不得损坏保温层。

矩形风管聚苯乙烯泡沫塑料板黏接保温的结构如图6-4所示。

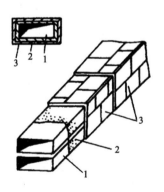

1—风管；2—红丹防锈漆；3—泡沫塑料板。

图 6-4　矩形风管聚苯乙烯泡沫塑料板黏接保温的结构

（五）保温施工

对于空调风管的保温，应根据设计选用的保温材料和结构形式进行施工。为了收到较好的保温效果和控制工程成本，保温层的厚度不应超过设计厚度的 10%或低于设计厚度的 5%。保温结构应结实、严密，外表平整，无张裂和松弛现象。

风管的隔热层应平整密实，不能有裂缝、空隙等缺陷。当采用卷材或板材时，允许偏差为 5 mm；当采用涂抹或其他方式时，允许偏差为 10 mm。防潮层（包括绝热层的端部）应完整，且封闭良好，其搭接缝应顺水。

当隔热层采用黏接工艺时，黏接材料应均匀地涂刷在风管或空调设备的外表面，使隔热层与风管或空调设备表面紧密贴合。隔热材料的纵向、横向接缝应该错开。当隔热层需要进行包扎时，搭接处应均匀贴紧。

对于无洁净要求的空调系统风管和空调设备的保温，如果选用卷材或散材，则其隔热层的厚度应均匀，散材的密度应适当，包扎牢固，不能有散材外露的缺陷。

通风空调系统在风管内设置的电加热器前后各 800 mm 范围内的隔热层和穿越防火墙两侧 2 m 范围内风管的隔热层，必须采用不燃材料。一般在这个范围内常采用石棉板进行保温。

为了避免发生返工或局部拆除，影响保温的效果，保温施工应符合以下要求：

（1）风管或设备外表面的刷油工作已经完成。

（2）风管上预留的测孔必须在保温前开出，并将测孔的组件安装好。

（3）有漏风量要求或有泄漏和真空度要求的风管和设备，必须经试验、检验并确认为合格后，方可进行保温。

（4）风管保温后，不应影响风阀的操作。风阀的启、闭必须标记清晰。

（5）风机盘管、诱导器和空调器与风管的接头处，以及容易产生凝结水的部位，其保温层不能遗漏。

第三节　一般通风空调系统的安装

一般通风空调系统的安装，应在土建主体工程、地坪完工以后进行。为了给通风空调系统的安装创造条件，在土建施工时，应派人配合土建做好孔洞预留和预埋件工作，以免安装时再打洞。对于较大的孔洞，会审图纸时应与土建图进行核对，土建图上已经准确标明的孔洞，应由土建单位负责。

一、安装前的准备工作

（1）认真熟悉图纸，进一步核实标高、轴线、预留孔洞、预埋件等是否符合要求，以及与风管相连接的生产设备安装情况。

（2）根据现场实际工作量的大小和工期，组织劳动力。

（3）确定施工方法和相应的安全措施。

（4）准备好辅助材料，如螺丝、垫料等。

（5）准备好安装所需要的工具，如活动扳手、螺丝刀、钢锯、手锤、线坠、钢卷尺、水平尺、滑轮、麻绳、倒链、冲击电钻等。

二、支、吊架安装

风管的支、吊架材料要根据现场情况和风管的重量来选用，可采用圆钢、扁钢、角钢、槽钢制作，既要节约钢材，又要保证支架的强度、刚度。具体可参照国家标准图。

（一）支、吊架安装的要求

（1）支、吊架的设置应按国标图集、规范要求，并结合现场实际情况，选用强度和刚度相适应的形式、规格和间距。

（2）支、吊架不宜设置在风口、阀门、检查门及自控机构处，与风口或插接管的距离不宜小于 200 mm。

（3）风管水平安装，直径或长边尺寸小于等于 400 mm 时，支、吊架间距不应大于 4 m；直径或长边尺寸大于 400 mm 时，支、吊架间距不应大于 3 m。螺旋风管的支、吊架间距可分别延长至 5 m 和 3.75 m；对于薄钢板法兰的风管，其支、吊架间距不应大于 3 m。

（4）风管垂直安装时，支、吊架间距不应大于 4 m，单根直管至少应有 2 个固定点。

（5）当水平悬吊的主、干风管长度超过 20 m 时，应设置 1～2 个防止晃动的固定点。

（6）对于直径或边长大于 2 500 mm 的超宽、超重等特殊风管的支、吊架，应按工程设计进行制作和安装。

（7）抱箍支架，折角应平直，抱箍应紧贴并箍紧风管。安装在支架上的圆形风管应设托座和抱箍，其圆弧应均匀。

（8）吊架的螺孔应采用机械加工，不得用气割。吊杆应平直，螺纹完好。安装后各支、吊架受力应均匀，无明显变形。

（9）风管或空调设备使用的可调隔振支、吊架的拉伸或压缩量，应按设计要求进行调整。

（10）风管转弯处两端应加支架。

（11）干管上有较长的支管时，支管上必须设置支、吊架，以免干管承受支管的重量而损坏。

（12）风管与通风机、空调器及其他振动设备的连接处，应设置支架，以免设备承受风管的重量。

（13）在风管穿楼板和穿屋面处，应加固定支架，具体做法如设计无要求，可参照标准图集。

（14）不锈钢板、铝板风管与碳素钢支架不能直接接触，应有隔绝或防腐绝缘措施。

（15）当风管有保温层时，支、吊架上的钢件不能与金属风管直接接触，应在支、吊架与风管间加垫与保温层同样厚度的防腐垫木。

（二）支、吊架安装的方法

1.支架安装的方法

砖墙上的支架现在已广泛采用膨胀螺栓固定，也可以用传统的栽埋方法。栽埋角钢支架要先在砖墙上打出比角钢尺寸略大、比角钢栽埋深度更深一些的方洞，用 1∶3 的水泥砂浆与适当浸过水的石块和碎砖块拌和后进行填塞，最后外表面应稍低于墙面，以便土建对墙面进行处理。砖墙上的支架安装方法如图 6-5 所示。

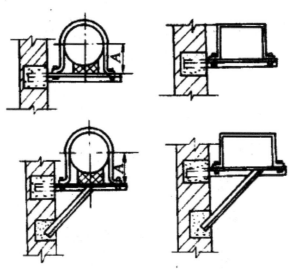

图 6-5　砖墙上的支架安装方法

在混凝土柱或砖柱上设置支架，可用柱面预埋铁件（可将支架型钢焊接在铁件上面）、预埋螺栓（可将支架型钢紧固在上面）和抱箍夹固等方法，将支架固定在柱子上，如图6-6所示。

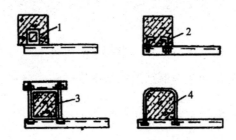

1—预埋件焊接；2—预埋螺栓紧固；

3—双头螺栓紧固；4—抱箍紧固。

图6-6　柱上支架安装方法

2.吊架安装的方法

风管敷设在楼板、屋面、桁架及梁下面并且离墙较远时，一般都采用吊架来固定风管。

矩形风管的吊架由吊杆和托铁组成，圆形风管的吊架由吊杆和抱箍组成，如图6-7所示。当吊杆（拉杆）较长时，中间可加装花篮螺丝，以便调节各杆段长度。

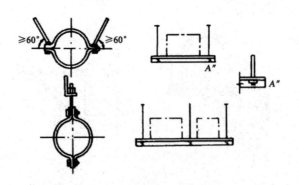

图6-7　风管吊架的结构

圆形风管的抱箍可按风管直径用扁钢制成。为了安装方便，抱箍做成两个半边。单吊杆长度较大时，为了避免风管摇晃，应该每隔两个单吊杆加一个双吊杆。矩形风管的托铁一般用角钢制成，风管较重时也可以采用槽钢。为了便于调节风管的标高，圆钢吊杆可分节，并且在端部套有长度为 50～60 mm 的丝扣，以便调节。

三、风管的连接与安装

（一）风管的连接

将预制好的风管、部件等送到现场，在安装地点按编号进行排列组对。风管的连接长度，应根据其材质、壁厚、法兰与风管的连接方式、风管配件部件情况和吊装方法等多方面的因素而定。为了安装方便，应尽量在地面上进行组对连接。在风管连接时应避免将法兰接口处装设在穿墙洞或楼板洞内。

风管接口的连接应严密、牢固。风管法兰的垫片材质应符合系统功能的要求，厚度不应小于 3 mm。垫片不应凹入管内，亦不宜突出法兰外。法兰的垫料选用，如果设计无明确规定，则可按下列要求：

（1）输送空气温度低于 70 ℃的风管，应用橡胶板、闭孔海绵橡胶板等。

（2）输送空气或烟气温度高于 70 ℃的风管，应用石棉绳或石棉橡胶板等。

（3）输送含有腐蚀性介质气体的风管，应用耐酸橡胶板或软聚氯乙烯板等。

（4）输送产生凝结水或含有潮湿空气的风管，应用橡胶板或闭孔海绵橡胶板。

（5）除尘系统的风管，应用橡胶板。

法兰连接时，把两个法兰对正，穿上螺丝。紧固螺丝时，不要一个挨一个地拧紧，而应对称交叉逐步均匀地拧紧。拧紧螺丝后的法兰，其厚度差不要超过 2 mm。螺帽应在法兰的同一侧。风管连接长度，应根据风管的管壁厚度，法兰、风管的连接方法和吊装方法等具体情况而定。在地坪上进行法兰连接比较方便，一般可组装成 10～12 m 的管段进行吊装。

（二）风管的安装

风管安装前，应检查支、吊架等固定件的位置是否正确，生根是否牢固。滑轮或倒链一般可挂在梁、柱上。水平风管绑扎牢靠后，就可进行起吊。起吊时，应使绳索受力均衡。当风管离地 200～300 mm 时，应暂停起吊，再次检查滑轮的受力点和绳索、绳扣是否正常。如果没有问题，则可以继续吊到安装高度，用已安装的支、吊架把风管固定后，方可解开绳索。风管可用支、吊架上的调节螺丝找正找平。

对不便悬挂滑轮、倒链，或受条件限制不能进行整体吊装时，可将风管分节用麻绳拉到脚手架上，然后抬到支架上对正法兰逐节进行安装。

水平干管找平后，再进行立支管的安装。

柔性短管的安装，应松紧适度、无明显扭曲。可伸缩性金属或非金属软风管的长度不宜超过 2 m，且不应有死弯或塌凹。

地沟内的风管和地上风管连接时，风管伸出地面的接口与地面的距离不应小于 200 mm，以便保持风管内部清洁。风管与砖、混凝土风道的连接接口，应顺着气流方向插入，并采取密封措施。安装过程中断时，露出的敞口应临时封闭，防止杂物落入。风管穿出屋面处应设有防雨装置，如图 6-8 所示。

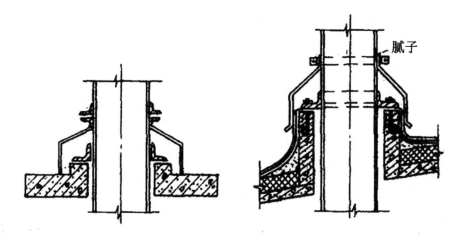

图 6-8 风管穿出屋面处的防雨装置

风管的连接应平直、不扭曲。明装风管水平安装，水平度的允许偏差为 3/1 000，总偏差不应大于 20 mm。明装风管垂直安装，垂直度的允许偏差为 2/1 000，总偏差不应大于 20 mm。暗装风管的位置，应正确、无明显偏差。对含有凝结水或其他液体的风管，坡度应符合设计要求，并在最低处设排水装置。

现行规范规定，在风管穿过防火、防爆的墙体或楼板时，需做封闭处理，具体做法是设预埋管或防护套管，其钢板厚度不应小于 1.6 mm。风管与防护套管之间，应用不燃且对人体无危害的柔性材料封堵。

输送空气温度高于 80 ℃的风管，应按设计规定采取防护措施。

当风管已经安装，与风管连接的设备也已安装好时，风管与固定设备之间的连接管称为固定接口配管。固定接口配管往往是不规则的，制作应在现场实测后，在加工车间初步加工成型，其长度应比实测长度长 30～50 mm，且两端的法兰不要铆上。现场预装配时，将此固定接口管段预装在要求的位置上，并将管段两端的活法兰和相邻风管、设备上的固定法兰用螺栓临时连接，在固定接口管段上画出法兰所在的理想位置，然后将固定接口管段取下。若用于配管的管段较长，则可修剪至符合要求为止，再将法兰与风管铆接起来。

若用于配管的管段长度不够，且风管偏位或转弯较大，则可以用软风管连接。若设备接口无法兰，则配管时可先用自攻螺钉将风管法兰加垫片，再与设备连接起来。

风管安装还必须符合下列规定：①风管内严禁其他管线穿越；②输送含有易燃、易爆气体或安装在易燃、易爆环境的风管系统应有良好的接地，通过生活区或其他辅助生产房间时必须严密，并不得设置接口；③室外立管的固定拉索严禁拉在避雷针或避雷网上。

安装时应根据现场情况分别采用梯子、高凳或脚手架。高凳和脚手架必须轻便结实，脚手架搭设应稳定，脚手架上的脚手板用钢丝固定，防止翘头，避免发生高空坠落事件。在 2 m 以上高处作业时，作业人员应系安全带。

四、部件安装

（一）一般风阀的安装

在送风机的入口，新风管、总回风管和送、回风支管上，均应设调节阀门。对于送、回风系统，应选用调节性能好且漏风量小的阀门，如多叶调节阀或带拉杆的三通调节阀。调节阀会增加风管系统的阻力和噪声，因此风管上的调节阀应尽可能少设。

对带拉杆的三通调节阀，只宜用于有送、回风的支管上，不宜用于大风管上，因为调节阀阀板承受的压强大，运行时阀门难以调节，且阀板容易变位。

各类风阀应安装在便于检修的部位，安装后的手动或电动操作装置应灵活、可靠。在安装前应检查其结构是否牢固，调节装置是否灵活。安装在高处的风阀，要求距地面或平台 1～1.5 m，以便操作。此外，还应注意阀件的操纵装置要便于操作，阀门的开闭方向及开启程度要有明显和准确的标志。

（二）风口的安装

各类送、回风口一般安装在顶棚或墙面上。风口安装常需要与装饰工程密切配合进行。

风口与风管的连接应严密、牢固，与装饰面紧贴，表面平整、不变形，调节灵活、可靠。条形风口的安装，接缝处应衔接自然，无明显缝隙。同一房间内相同风口的安装高度应一致，排列应整齐。

明装无吊顶的风口，安装位置和标高偏差不应大于 10 mm。风口水平安装时，水平度的偏差不应大于 3/1 000；风口垂直安装时，垂直度的偏差不应大于 2/1 000。

对装在顶棚上的风口，应与顶棚平齐，并应与顶棚单独固定，不得固定在垂直风管上。风口与顶棚的固定宜用木框或轻质龙骨，顶棚的孔洞不得大于风口的外边尺寸。

（三）排气柜、罩的安装

局部排气的柜、罩的安装，应在相关的生产设备安装好后进行。安装时位置应正确，排列整齐，固定牢靠，外壳不应有尖锐的边缘。

（四）风帽的安装

风帽安装必须牢固，其连接风管与屋面或墙面的交接处不应渗水。

有风管相连的风帽，可在室外沿墙绕过檐口伸出屋面，或在室内直接穿过屋面板伸出屋顶。风管安好后，应装设防雨罩，防止雨水沿风管漏入室内。风帽安装高度超出屋面 1.5 m 时，应用镀锌钢丝或圆钢拉索固定，防止被风吹倒。拉索不应少于 3 根。拉索可在屋面板上预留的拉索座上固定。

无连接风管的筒形风帽，可用法兰固定在屋面板上的混凝土底座上。当排送温度较高的空气时，为避免产生的凝结水滴入室内，应在底座下设滴水盘和排水装置。

五、防火阀、防火风口、排烟阀的安装

（一）防火阀的分类与安装

1.防火阀的分类

防火阀的种类较多,可按其控制方式、阀门关闭驱动方式及形状进行分类。常用的防火阀主要有以下几种:

（1）重力式防火阀

重力式防火阀又称自重翻板式防火阀,有圆形和矩形两类。圆形防火阀只有单板式一种,如图 6-9 所示;矩形防火阀有单板式和多叶式两种,如图 6-10、图 6-11 所示。

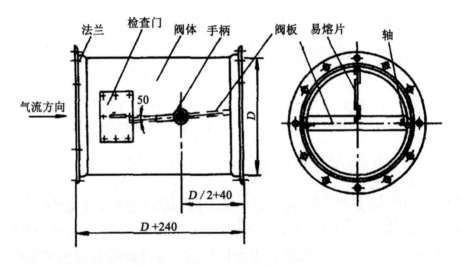

图 6-9 重力式圆形单板式防火阀（单位：mm）

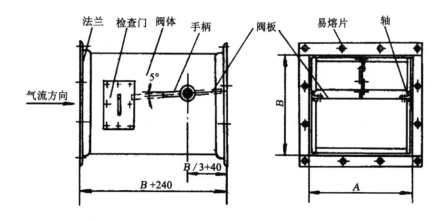

图 6-10　重力式矩形单板式防火阀（单位：mm）

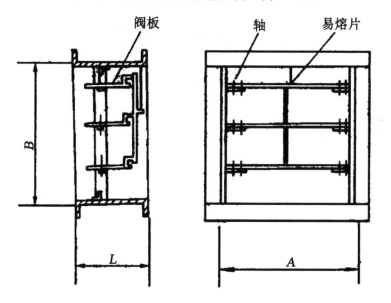

图 6-11　重力式矩形多叶式防火阀

（2）弹簧式防火阀

弹簧式防火阀有矩形和圆形两种，它是由阀壳、叶片或阀板、轴、弹簧扭转机构、温度熔断器等组成的。

弹簧式防火阀安装在通风空调系统中，平时为常开状态。当火灾发生并且防火阀中流通的空气温度高于 70℃时，易熔片熔断，温度熔断器内的压缩弹簧释放，内芯弹出，手柄脱开，轴后端的扭转弹簧释放，使阀门关闭，防止火焰通过风管蔓延。当需要重新开启阀门时，装好易熔片和温度熔断器，摇起叶片或阀板并固定在温度熔断器的内芯上，防火阀便恢复正常工作状态。

2.防火阀的安装

防火阀在风管中的安装可分别采用吊架和支座，以保证防火阀的稳固。图6-12 所示为较常用的防火阀的吊架安装。

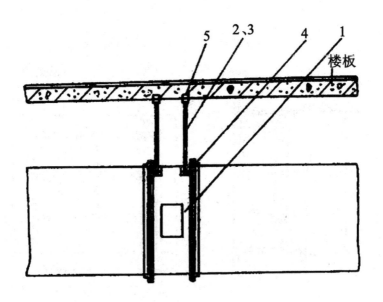

1—防火阀；2、3—吊杆和螺母；4—吊耳；5—楼板吊点。

6-12　防火阀的吊架安装

风管穿越防火墙时，除防火阀单独设吊架外，穿墙风管的管壁厚度要大于1.6 mm，安装后应在墙洞与防火阀间用水泥砂浆密封。

风管穿越建筑物的变形缝时，在变形缝两侧应各设一个防火阀。穿越变形缝的风管中间设有挡板,穿墙风管一端设有固定挡板;穿墙风管与墙洞之间应保持 50 mm 距离,其间用柔性非燃烧材料密封,变形缝处的防火阀安装如图 6-13 所示。

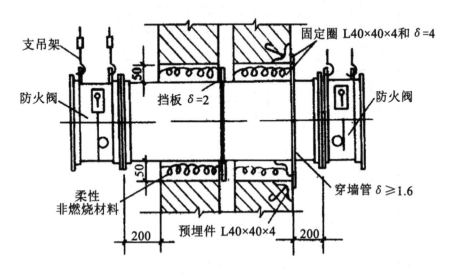

图 6-13 变形缝处防火阀的安装(单位:mm)

(二)防火风口的安装

防火风口是安装在通风空调系统送、回风管道的送风口或回风口处,阀门的一端带有装饰作用或能够调节气流方向的铝合金风口。防火风口的构造如图 6-14 所示。

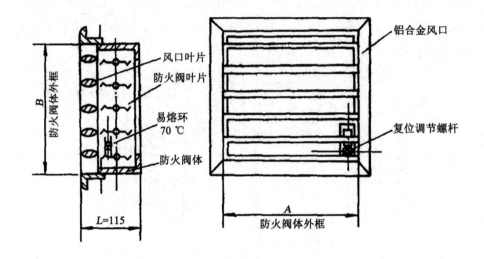

图 6-14　防火风口的构造（单位：mm）

防火风口的安装要求如下：

（1）防火风口安装前，应先开箱检查阀板、传动机构、百叶风口有无松动变形等现象。如果发现这类情况，则应修复后再安装。

（2）防火风口安装在风管上时，在防火风口外配置 $\delta = 2.0$ mm 钢制法兰短管，并用螺栓将法兰固定在风管上，然后用拉铆钉或自攻螺栓将防火风口外框固定在短管上，再用螺钉把百叶风口和防火阀连接起来。

（3）安装防火风口时，要注意安装平整、位置正确、转动灵活，同时调整百叶风叶叶片的角度。

（4）防火风口安装在风管端面、风管侧面的示意图分别如图 6-15、图 6-16所示。

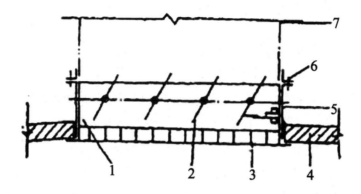

1—铆钉；2—防火叶片；3—百叶风口；4—吊顶（或墙面）；

5—法兰短管；6—螺钉；7—风管。

图6-15 防火风口在风管端面安装

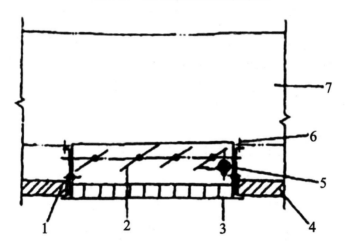

1—铆钉；2—防火叶片；3—百叶风口；4—吊顶（或墙面）；

5—法兰短管；6—螺钉；7—风管。

图6-16 防火风口在风管侧面安装

（三）排烟阀的安装

排烟阀常用于高层建筑、地下建筑的排烟管道系统中。常用的排烟类设备包括排烟阀、排烟防火阀、远控排烟阀、远控排烟防火阀等。

排烟阀一般安装在排烟系统的风管上，平时阀的叶片关闭，当发生火灾时烟感探头发出火警信号，由控制中心使排烟阀电磁铁的 DC 24 V 电源接通，叶片迅速打开（也可由人工手动将叶片打开），排烟风机立即启动，进行排烟。

排烟防火阀安装的部位与排烟阀相同，其构造与排烟阀也基本相同，区别是排烟防火阀有温度传感器，因而具有防火功能，当烟气温度达到 280 ℃时，可通过温度传感器或手动将叶片关闭，切断烟气流动。因为当烟气温度达到 280 ℃时，说明火焰已经逼近，排烟已没有意义，此时关闭排烟防火阀可以起到阻止火焰蔓延的作用。

安装排烟阀、排烟防火阀时，不能掉以轻心，要认真阅读生产厂家的产品说明书，遵守设计、规范和厂家提出的有关安装要求。对于利用烟感器报警，由中央控制室自动发出关闭信号、执行机构为电动或气动的排烟阀、排烟防火阀，安装时要与有关工种密切配合。

六、无法兰连接风管的安装

两段风管之间，传统的连接方式是采用角钢法兰，这种费工费料的做法已沿用多年。在 20 世纪 80 年代中后期，我国沿海地区开始借鉴国外的技术，采用 TDF 连接和 TDC 连接。

（一）TDF 连接

TDF 连接是把风管本身两头扳边自成法兰，再用法兰角和法兰夹将两段风管扣接起来，如图 6-17 所示。

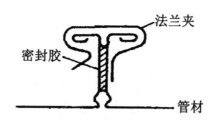

图 6-17 TDF 连接

这种方法适用于大边长度在 1 000～1 500 mm 之间的风管连接，其工艺程序如下：

（1）风管的 4 个角插入法兰角。

（2）将风管扳边自成的法兰面，四周均匀地填充密封胶。

（3）将法兰组合，并从法兰的 4 个角套入法兰夹。

（4）4 个法兰角上紧螺栓。

（5）用老虎钳将法兰夹连同两个法兰一齐钳紧。

（6）法兰夹距离法兰角 150 mm 左右，两个法兰夹之间的空位尺寸为 230 mm 左右。法兰边长为 1 500 mm 时，用 4 个法兰夹；法兰边长为 900～1 200 mm 时，用 3 个法兰夹；法兰边长为 600 mm 时，用 2 个法兰夹；法兰边长在 450 mm 以下的，在中间使用 1 个法兰夹。

（二）TDC 连接

TDC 连接是插接式风管法兰连接，如图 6-18 所示。这种连接方法适用于风管大边长度在 1 500～2 500 mm 之间的连接，其工艺程序如下：

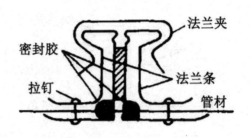

图 6-18　TDC 连接

（1）根据风管 4 条边的长度，分别配制 4 根法兰条。

（2）风管的 4 条边分别插入 4 根法兰条和 4 个法兰角。

（3）检查和调校法兰口的平整。

（4）法兰条与风管用空心拉铆钉铆合。

（5）法兰面均匀地填充密封胶，组合两个法兰并插入法兰夹，4 个法兰角上紧螺栓，最后用老虎钳将法兰夹连同两个法兰一起钳紧。

对于较大的风管，当风管大边长度超过 2 500 mm 时，仍需采用角钢法兰连接。

（三）无法兰连接风管安装的有关规定

现行施工质量验收规范，对各种形式的无法兰连接风管的安装提出了明确的质量要求：

（1）风管的连接处，应完整无缺损，表面应平整、无明显扭曲。

（2）承插式风管的四周缝隙应一致，无明显的弯曲或褶皱；内涂的密封胶应完整，外粘的密封胶带应粘贴牢固、完整无缺损。

（3）薄钢板法兰形式风管的连接，弹性插条、弹簧夹或紧固螺栓的间隔不应大于 150 mm，且分布均匀、无松动现象。

（4）用插条连接的矩形风管，连接后的板面应平整、无明显弯曲。

第四节 洁净空调系统的安装

一、洁净空调系统的分类

洁净空调系统是指能够使空调房间空气洁净度达到一定级别的空调系统。洁净空调系统大致分为集中式洁净空调系统和分散式洁净空调系统两种类型。集中式洁净空调系统是指空气处理设备集中、送风点分散，即在机房内集中处理空气，然后分别送入各洁净室的空调系统，如图 6-19 所示。分散式洁净空调系统则是指将机房、输送系统和洁净室紧密结合在一起而成的空调系统。

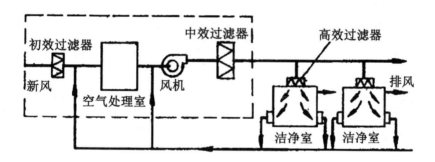

图 6-19 集中式洁净空调系统示意图

按洁净室按内部气流流动形式的不同，可以分为非单向流洁净室和单向流洁净室。

非单向流洁净室的气流流动形式与一般空调系统基本相同：将经过过滤器处理后的空气通过送风口送入洁净室。由于从送风口到回风口之间的流通断面是变化的，洁净室的断面与送风口、回风口的断面相比要大得多，因此不能在洁净室断面或工作区断面形成匀速气流。洁净气流能够将原来洁净室内含尘浓度较高的空气冲淡。为了排除含尘空气，气流的组织应为垂直向下送风，以减少空气乱流的二次污染。

在单向流洁净室中，气流经送风口流向洁净室再到回风口的流通断面变化不大，加之风管中的静压箱和高效过滤器起到均压均流作用，因此洁净室全室断面流速较为均匀。在洁净室内，自上向下的洁净气流像气体活塞一样，将室内脏空气沿整个断面经回风口推出排至室外，使洁净空气始终充满洁净室，从而达到净化空气的目的。单向流洁净室适用于洁净度为 100 级或更高洁净度等级的洁净室。

二、洁净空调系统的安装要求

洁净空调系统的安装与一般空调系统相比，有两个突出的特点：一是要保证安装时和安装后风管内的清洁；二是要保证风管密封。如果风管的严密性不好，就会产生不良影响。这种不良影响主要表现在两方面：

（1）系统运行时，洁净空调系统中风管的全压比一般空调系统大，以保证在系统总阻力较大的情况下，获得比一般空调系统多的换气次数。如果严密性不好，则较高的全压会使洁净空气大量向外泄漏。为了使室内保持一定的正压值，必须补充大量含尘新风，这样对整个室内洁净空调系统的运行是很不经济的，同时也会缩短过滤器的使用寿命。

（2）系统停止运行时，风管经过的非洁净区或低等级洁净区域中含尘空气就会渗入系统，系统开始运行后，在系统的负压段，会吸入途经区域的含尘空气。

洁净空调系统中的设备安装，应按设备技术文件规定执行。施工场地应平整，环境应清洁。设备安装前应擦去内外表面尘土和油污，经检验合格后应尽快进行安装。装配式洁净室的安装应符合下列规定：

（1）设备开箱应在清洁的室内进行，并有施工单位、建设单位、监理单位三方人员到场，对设备进行严格检查，并做好记录。

（2）装配式洁净室的安装，应在建筑装修工程已经完成、场地无积尘、空间环境清洁的条件下进行。洁净室地面应干燥、平整，平整度允许偏差为 1/1 000。

（3）洁净室墙板的安装，放线应准确，拼装应按次序进行，墙角应垂直交接，装配后的墙板间、墙板与顶板间的拼缝应平整严密，墙板的垂直度允许偏差为 2/1 000，装配后每个单间的几何尺寸与设计要求的允许偏差为 2/1 000。

（4）洁净室吊顶在受荷载后应保持平直，压条全部紧贴。若有上、下槽形板，则其接头应整齐、严密。

（5）装配式洁净室安装完毕后应做漏风量测试，当室内静压为 100 Pa 时，漏风量不应大于 2 m³/（h·m²）。

三、洁净空调系统风管、配件的制作特点

加工制作场地应保持清洁，最好在工作平台上铺上橡皮垫，以保护制作的风管和配件不受污损。在风管制成后，风管板材的划线应在风管的外面，以保护风管内面的镀锌层。

风管与配件制作前，必须先对板材进行清洗，除去板材表面上的油污。制作时，应选用强度较高且严密性较好的咬口缝。近年来，国内通风空调系统中常采用的咬口缝形式是单平咬口、转角咬口、联合角咬口和按扣式咬口，其中按扣式咬口漏风量较大，必须做好密封处理。制作良好的无法兰连接风管，应按规定涂密封胶，其密封性优于传统的角钢连接风管，且当施工停顿或完毕时，端口应封好。

当矩形风管的底边宽度在 800 mm 以内时，不应有拼接缝；在 800 mm 以上时，应尽量减少纵向接缝，同时不得有横向拼接焊缝。

制作的风管，其内表面应平整，以防内壁积尘。因此，风管的加固框和加固筋不得设在风管内，不得采用凸棱方法加固风管，一般采用角钢或角钢框在

风管外表面加固。

洁净风管系统一般不设置消声器，以免造成新的空气污染；当必须采用消声器时，应选用微穿孔板消声器或微穿孔板复合消声器等不易积尘、产尘的消声器。

为避免柔性短管漏风和积尘、产尘，不得采用帆布制作，应选用里面光滑、不产尘、不透气的材料，如软橡胶板、人造革、涂胶帆布等。

制作时，风管的咬口必须达到连续、紧密、宽度均匀的要求，无孔洞、半咬口及胀裂等现象。

对风管咬口缝、铆钉孔及风管翻边的四个角，必须用密封胶进行密封。对风管翻边的四个角，如果孔洞较大，用密封胶密封困难，则必须用焊锡焊牢。密封胶应采用对金属不腐蚀、流动性好、固化快、弹性好及遇潮湿不易脱落的产品，如硅橡胶、聚氨酯弹性胶、KS 型密封胶等。为保证密封胶与金属风管黏接牢固，涂抹密封胶前必须将封处的油擦洗干净。

风管的法兰、加固框及部件铆接时，应采用镀锌铆钉。

制作静压箱应采用咬接或焊接，接缝尽量减少。当静压箱与风管连接时，应采用转角咬口或联合角咬口。

制作好的风管和配件必须擦拭干净或用吸尘器吸去浮尘，然后将其开口处用塑料布包封好，以免在安装前再次污染。

四、洁净空调系统风管的安装

风管的安装应在建筑施工基本完成、门窗装好、地坪做好、吊架预留好后才开始进行，以减小风管在安装过程中受污染的程度。

在安装风管前，其内壁必须保持干净，做到无油污和浮尘；当施工中断时，应用塑料布封好管口。

风管法兰垫料和清扫口、检视门的密封垫料应选用不产尘、不易老化和具有一定强度和弹性的材料，如橡胶板、闭孔海绵橡胶板，厚度为 5～8 mm，不得采用乳胶海绵以及石棉绳、厚纸板、麻丝及油毡纸等易产尘材料。法兰垫片应尽量减少拼接，并且不允许直缝对接连接，接头应采用梯形或楔形连接，如图 6-20 所示，严禁在垫料表面涂涂料。法兰均匀紧固后的垫料宽度，应与风管内壁取平。

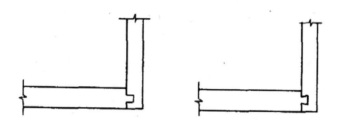

图 6-20　洁净风管法兰垫片的接头形式

在加工、运输、吊装用复合钢板、镀锌钢板制作的风管时，如果风管有损伤，则应在损伤处涂环氧树脂。

风管与洁净室吊顶、隔墙等围护结构的接缝处应严密。

第五节　通风空调设备的安装

一、空调机组的分类与安装

（一）空调机组的分类

空调机组是通风空调系统的核心设备，用来对空气进行加热或冷却、加湿或去湿、净化及输出空气。按空气处理方式的不同，空调机组可分为装配式空调机组、整体式空调机组及组装式空调机组三大类。

1.装配式空调机组

装配式空调机组按其空调系统的不同，可分为一般装配式空调机组、新风空调机组和变风量空调机组三种。

（1）一般装配式空调机组

一般装配式空调机组的用途广泛，除用于恒温恒湿空调系统外，还能用于舒适性空调系统和空气洁净系统，它包括各种功能段，如新回风混合段、初效空气过滤段、中效空气过滤段、表面冷却器段、喷水室段、蒸汽加热段、热水加热段、加湿段、二次回风段、风机段。空调机组中如果无风机段，则可采用外装形式的风机。并不是所有的装配式空调机组都具备以上功能段，而是要根据空调系统空气处理的需要加以取舍。

（2）新风空调机组

新风空调机组适用于各种使用新风系统的场合。新风空调机组与一般空调机组相比要简单一些，它是由空气过滤器、冷热交换器（冷热源由冷、热管道系统供给）和风机等组成。运行时，室外空气经过过滤器，再经冷热交换器冷却或加热后送入空调房间。

（3）变风量空调机组

变风量空调机组用于变风量空调系统。所谓变风量空调系统，是随着空调负荷的减小，送风机的转速和送风量也随之减小的空调系统。

变风量空调机组适用于风机盘管或新风机组。它和新风空调机组一样，由空气过滤器、冷热交换器、风机等组成。

2.整体式空调机组

整体式空调机组是将压缩式制冷机组、冷空气过滤器、加热器、加湿器、通风机及自动调节装置和电气控制装置等组装在一个箱体内。

整体式空调机组按用途分为恒温恒湿空调机组和一般空调机组。恒温恒湿空调机组又可分为一般恒温恒湿空调机组和机房专用空调机组。一般恒温恒湿空调机组适用于一般空调系统，机房专用空调机组适用于电子计算机机房和程控电话机房等场合。

3.组装式空调机组

组装式空调机组是由压缩式制冷机组和空调器两部分组成的。组装式空调机组与整体式空调机组基本相同，其区别是：将压缩式制冷机组由箱体内移出，安装在空调器附近；电加热器则分为三组或四组安装在送风管道内，由手动或自动调节；电气控制装置和自动调节装置安装在单独的控制箱内。

（二）空调机组的安装

1.装配式空调机组的安装

近年来，装配式空调机组定型生产的形式不断增加，标准化程度和设备性能不断提高。装配式空调机组的安装，应按各生产厂家的说明书进行。在安装过程中，应注意下列问题：

（1）机组各功能段的组装，应符合设计规定的顺序。

（2）机组应清理干净，箱体内应无杂物。

（3）机组应放置在平整的基础上，基础应高于机房地平面。

（4）机组下部的冷凝水排放管应有水封，与外管路连接应正确。

（5）机组各功能段之间的连接应严密，整体应平直，检查门开启应灵活，水路应畅通。

机组空气处理室的安装应符合下列规定：

（1）金属空气处理室壁板及各段的组装，应连接严密、位置正确、平整牢固，喷水段不得渗水。

（2）冷凝水的引流管或槽应畅通，冷凝水不得外溢，喷水段检查门不得漏水。

（3）表面式换热器的表面应保持清洁、完好。用于冷却空气时，在下部应设排水装置。

（4）预埋在砖、混凝土空气处理室构筑物内的供水管、回水管应焊防渗肋板，管端应配制法兰或螺纹，与处理室墙面的距离应为 100～150 mm，以便日后接管。

（5）表面式换热器应具有合格证明。在技术文件规定的期限内，如果外观无损伤，则安装前可不做水压试验，否则应做水压试验，试验压强等于系统工作压强的 1.5 倍，且不得小于 0.4 MPa，水压试验的观测时间为 3 min，在此期间压强不得下降。

（6）表面式换热器与围护结构间的缝隙，以及表面式换热器之间的缝隙，应用耐热材料堵严。

2.整体式空调机组的安装

安装整体式空调机组前，应认真熟悉施工图纸、设备说明书及有关的技术文件。会同建设单位、监理单位进行设备的开箱，根据设备装箱单对制冷设备零件、部件、附属材料及专用工具进行点查，并做好记录。当制冷设备充有保护性气体时，应检查压强表的示值，确定有无泄漏情况。

机组安装属于安装钳工的工作范围，应按照设计和相关施工规范进行。机组安装的坐标位置应正确，并对机组找平找正。对于水冷式机组，要按设计或设备说明书要求的流程，对冷凝器的冷却水管进行连接。

3.组装式空调机组的安装

组装式空调机组的安装包括压缩冷凝机组、空气调节器、风管的电加热器、配电箱及控制仪表的安装。

（1）压缩冷凝机组的安装属于安装钳工的工作范围，机组配管的安装属于管道工的工作范围。

（2）组装式空调机组的空气调节器的安装与整体式空调机组相同，可参照进行。

（3）在风管内安装电加热器时，如果采用一台空调器来控制两个恒温房间，则一般除主风管安装电加热器外，还应在控制恒温房间的支管上安装电加热器，这种电加热器叫微调加热器或收敛加热器，它是由恒温房间的干球温度来控制的。电加热器安装后，在其前后 800 mm 范围内的风管隔热层应采用石棉板、岩棉等不燃材料，以防止系统出现不正常情况时引起过热或燃烧。

现场组装的空调机组，应做漏风量测试。当空调机组静压为 700 Pa（用于空气净化系统的机组，静压应为 1 000 Pa）时，漏风率不应大于 3%；当室内洁净度低于 1 000 级时，漏风率不应大于 2%；当洁净度大于或等于 1 000 级时，漏风率不应大于 1%。

二、空气过滤器的分类与安装

空气过滤器的作用是将含尘较少、尘粒粒径较小的室外空气过滤净化后送入室内，使室内空气环境达到一定的质量要求。

（一）空气过滤器的分类

根据过滤灰尘粒径的大小和效率，空气过滤器可以分为粗效空气过滤器、中效空气过滤器、高中效空气过滤器、亚高效空气过滤器及高效空气过滤器。

1.粗效空气过滤器

粗效空气过滤器用来过滤新风中粒径大于 5 μm 的微粒和各种异物，其滤料常用粗孔泡沫塑料或无纺布等。

2.中效空气过滤器

中效空气过滤器用于粗效空气过滤器之后，能捕集空气中粒径大于 1 μm 的悬浮性微粒，对于装有高效空气过滤器或亚高效空气过滤器的系统，可以防止其表面沉积灰尘而堵塞。中效空气过滤器的常用滤料有玻璃纤维、中细孔泡沫塑料及无纺布等。

3.高中效空气过滤器

高中效空气过滤器用来过滤经粗效空气过滤器过滤后空气中粒径大于 1 μm 的悬浮性微粒，其作用与中效空气过滤器相同。高中效空气过滤器的过滤效率比中效空气过滤器高,能更有效地防止在高效空气过滤器或亚高效空气过滤器的表面沉积悬浮性微粒,以延长其使用寿命。

4.亚高效空气过滤器

亚高效空气过滤器的性能比高中效空气过滤器高,但比高效空气过滤器低,常用于 10 万级或低于 10 万级的洁净空调系统。由于它的初阻力低,因此可降低洁净空调系统的投资和日常运行费用。

5.高效空气过滤器

高效空气过滤器用来过滤上述几种空气过滤器不能过滤且含量最多的 1 μm 以下的亚微米级微粒,是洁净空调系统最后的关键部件。其滤料常使用石棉纤维滤纸、玻璃纤维滤纸及合成纤维滤纸等。

(二)空气过滤器的安装

安装空气过滤器时,应注意以下几个方面的问题:

(1)在安装时应将空调器内外清扫干净,清除空气过滤器表面的黏附物。框架式及袋式粗效、中效空气过滤器的安装,应便于拆卸和更换滤料。空气过滤器与框架之间、框架与空气处理室的围护结构之间应严密。

(2)自动浸油空气过滤器适用于一般通风空调系统,不能在洁净空调系统中使用,以免将油雾(即灰尘)带入系统中。安装自动浸油空气过滤器时,链网应清扫干净,传动灵活;两台以上并列安装时,空气过滤器之间的接缝应严密。

(3)卷绕式空气过滤器的安装,应注意装配的转动方向,使传动机构灵活;框架应平整,滤料应松紧适当,上下筒应平行。

(4)静电空气过滤器的安装应平稳,与风管或风机相连接的部位应设柔性短管,接地电阻应小于 4 Ω。

(5)各种空气过滤器与框架或并列安装的空气过滤器之间应进行封闭,防止空气从缝隙直接进入系统,从而影响过滤效果。

（6）高效空气过滤器（含亚高效空气过滤器，下同）是洁净空调系统的关键部件，其正确安装是至关重要的，必须遵守相关规范标准、设计图纸及制造厂家提出的各项要求。

（7）高效空气过滤器应当按出厂标志的方向搬运和存放。安装前的成品应放在清洁的室内，并应采取防潮措施，其包装层和密封保护层不得损坏。

（8）为防止高效空气过滤器受到污染，在洁净室全部安装完毕，并全面清扫，系统连续试车 12 h 后，方能开箱检查，且不得有变形、破损和漏胶等现象，检验合格后立即安装。

（9）安装高效空气过滤器时，要轻拿轻放，不能敲打、撞击，严禁用手或工具触摸滤料，防止损伤、污染滤料和密封胶。

（10）要检查空气过滤器框架或边口端面的平直性。端面平整度的允许偏差，每只为±1 mm。当端面平整度超过允许偏差时，只允许调整空气过滤器安装的框架端面，不允许修改空气过滤器本身的外框，否则将会损坏空气过滤器中的滤料或密封部分。

（11）安装高效空气过滤器时，外框上的箭头应与气流方向一致。用波纹板组合的过滤器在竖向安装时，波纹板必须垂直于地面，不得反向。

（12）高效空气过滤器与其组装框架之间必须加密封垫料或涂抹密封胶。密封垫料一般采用厚度为 6~8 mm 的闭孔海绵橡胶板或氯丁橡胶板，定位粘贴在空气过滤器的边框上。垫料应使用梯形或楔形接头，并尽量减少接头数量。安装后垫料的压缩率应大于 50%。

三、消声、减振与消声器的安装

（一）消声

1.噪声的概念

从物理学的角度讲，不同频率和声强的声音杂乱无章的组合称为噪声，而有规律地振动产生的声音称为乐声；从生理学的角度讲，凡使人烦躁、讨厌和不愉悦的声音都称为噪声。也就是说，物理学和生理学对于噪声的观点是不同的。

在生产与生活环境中，噪声可以分为气流噪声、机械性噪声及电磁性噪声。其中，气流噪声是气体流动或压强变化产生的；机械性噪声是机械运转时产生的；电磁性噪声是由于电机内空隙中交变力相互作用而产生的，如电机定子、转子的吸力，电流和磁场的相互作用，铁心的振动，等等。通风空调系统的噪声主要是气流噪声。风机转动使空气产生强烈的扰动，薄钢板风管在气流作用下使管壁产生振动，高速气流经过风管内的零部件受阻，都会产生噪声。风机运转产生的机械性噪声也会沿风管和气流传播。控制和降低噪声对通风空调系统是十分必要的。

2.消声的措施

控制和降低通风空调系统噪声的主要措施有以下几个方面：

（1）设计通风空调系统时，应尽可能选用低噪声的风机，并使风机的正常工作点接近其最高效率点运转，这时风机的噪声最小。风机特性曲线和管网特性曲线的交点即该风机在管网中的工作点。

（2）电机与风机的传动方式不同，产生噪声的大小也不一样，直联传动噪声最小，必须间接传动时应采用无缝的三角皮带。

（3）风机、电机应安装在减振基础上。风机的进风口应避免急转弯，并采用软接头（如帆布头）。

（4）在机房内做隔声处理或贴吸声材料，可以减小噪声对周围环境的影响；在风管内贴吸声材料，可收到吸声效果，减小风管系统的噪声。

采取上述消声措施后，声源产生的噪声扣除自然衰减值，仍然超过室内允许的噪声标准时，多余的噪声可用消声器再行消减。

风管内的空气流速与噪声大小直接相关。在一般情况下，对于消声要求不高的系统，主风管内的风速不应超过 8 m/s；对消声要求较严格的系统，主风管内的风速不宜超过 5 m/s。

（二）减振

1. 振动产生的原因

就整个通风空调系统而言，风机、水泵、制冷压缩机是振源；就风管系统而言，风机是振源。就风机而言，其振动的强弱与产品性能、减振设计和安装质量有关。

由于风机的旋转部件（叶轮、轴、皮带轮）材质不均匀、加工和装配存在误差，因此质量分布不均匀而存在偏心，在做旋转运动时产生不平衡的惯性力是机器产生振动的原因。

2. 减振的措施

从安装施工的角度讲，风机的减振措施是在风机和它的基础之间设置避振构件，使从风机传到它的基础上的振动减弱。在土建设计基础时就应该考虑采取减振措施。

通风机的减振基础，就是把通风机安装在设有减振器的型钢基座上或钢筋混凝土基座上。通风机在减振型钢基座上的安装如图 6-21 所示。

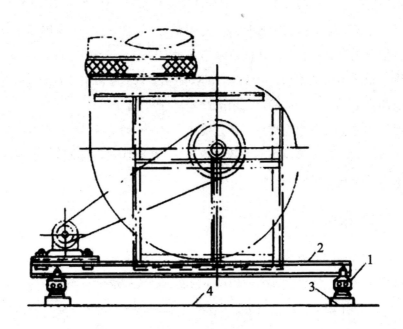

1—减振器；2—型钢基座；3—钢筋混凝土支墩；4—支承结构。

图 6-21　通风机在减振型钢基座上的安装

上述减振型钢基座虽然能起到一定的减振效果，但风机本身的振幅较大，机身不够稳定，必要时可以用钢筋混凝土基座取代型钢基座，基座板下仍安装减振器。由于钢筋混凝土基座比型钢基座厚重，且刚度大，风机本身的稳定性会更好。

钢结构基座的承重梁挠度不大于 $L/500$。对于钢筋混凝土平板型的基座厚度 H，一般可取基座长度 L 的 1/10，即 $H≈L/10$；对于高重心的设备，一般取基座宽度接近于设备的重心高度。对于往复式运动的机械，多采用 T 形钢筋混凝土基座，以降低机组重心，保证减振系统的稳定性。

对于中、低压离心式通风机，减振基座型钢用料见表 6-6。

表 6-6　中、低压离心式通风机减振基座型钢用料

传动方式	机号	基座槽钢型号	支架角钢型号
A	2.8～3.6	5	L50×6
	4～5	6.3	L6.3×6
C D E	6	8	L70×6
	8	10	L70×6
	10	12.6	L70×6
	12	14a	L75×6
B F	14	16a	L75×6
	16	18a	L80×8
	18	20a	L80×8
	20	22a	L80×8

高压离心式通风机一般采用钢筋混凝土平板型结构基座；也可采用槽钢钢筋混凝土混合型结构基座（槽钢边框内上下焊双向钢筋，再浇混凝土），其既有一定的刚度和质量，又比钢筋混凝土基座的厚度小，支架则用槽钢制作，以增加其刚度。中、低压离心式通风机一般采用型钢结构基座，每台设备宜采用单独的减振基座，不宜做成多台联合基座。

减振器的种类有橡胶剪切减振器、橡胶减振器、空气弹簧减振器、金属螺旋器弹簧减振器、预应力阻尼弹簧减振器、阻尼弹簧减振器等。

对于旋转性机械振动，当转速大于或等于 1 500 r/min 时，应选用橡胶减振器；当转速大于或等于 900 r/min 时，应选用橡胶剪切减振器或空气弹簧减振器；当转速大于或等于 600 r/min 时，应选用金属螺旋器弹簧减振器、预应力阻尼弹簧减振器或阻尼弹簧减振器；当转速大于或等于 300 r/min 时，应选用空气弹簧减振器。

风机进出口处用人造革或帆布软管减振。

隔振材料的品种很多，如橡胶、软木、酚醛树脂玻璃纤维板、泡沫塑料、毛毡、矿棉毡等。金属弹簧、空气弹簧是减振元件（即减振器）的主要组成部

分，与上述隔振材料不属一类。

采用酚醛树脂玻璃纤维板作为隔振材料，其性能比采用橡胶和软木优越。这种材料的相对变形量很大（可以超过 50%），即负荷过载，在失去负荷后仍能立即恢复，残余变形很小。另外，它有不腐、不蛀、不易老化、无味等优点，货源充足、经济。

（三）消声器的安装

消声器是利用吸声材料制成的消声装置，必须保护好消声器的吸声材料。在运输和吊装消声器的过程中，应力求避免振动，以防止消声器的变形和消声材料移位，影响消声效果。特别对于填充消声多孔材料的阻抗式消声器，应防止由于振动而损坏填充材料。

消声器的存放应有保护措施，所有敞口和法兰口应有防雨、防尘保护措施，防止消声器的吸声材料受潮或被污染。

消声器安装前应保持干净，做到无油污和浮尘。消声器安装的位置、方向应正确，不同方向的气流必须与消声器相应的接口相连接。消声器与风管的连接应严密。两组同类型消声器不宜直接串联。

在通风空调系统中，消声器应尽量安装在靠近使用房间的部位或楼层的送风干管上，如果必须安装在机房内，则应对消声器外壳及消声器之后位于机房内的部分风管采取隔声处理。当空调系统为恒温系统时，消声器外壳应与风管同样做保温处理。

现场安装的组合式消声器，消声组件的排列、方向和位置应符合设计要求。消声片的吸声材料不得有厚薄不均或下沉，消声片与周边的固定必须牢靠、严密，四周的缝隙不得漏风。

消声器与消声弯头应单独设置支架、吊架，其数量不得少于两副，这样消声器的重量不由风管承担，同时也有利于消声器的拆卸、检查和更换。

四、诱导器和风机盘管的工作原理与安装

（一）诱导器的工作原理与安装

1.诱导器的工作原理

诱导器的结构如图 6-22 所示。它由外壳、热交换器（盘管）、喷嘴、静压箱和与一次风联结用的风管等部件组成。

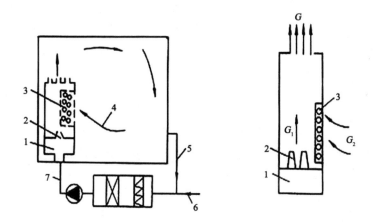

1—静压箱；2—喷嘴；3—热交换器；4—二次风；

5—回风管；6—新风管；7——次风管。

图 6-22　诱导器的结构

诱导器的工作原理是：经过集中处理的一次风首先进入诱导器的静压箱，然后通过静压箱上的喷嘴以很高的速度（20～30 m/s）喷出。由于喷出气流的引射作用，在诱导器内部造成负压区，室内空气（又称二次风）被吸入诱导器内部，与一次风混合成诱导器的送风，被送入空调房间内。诱导器内部的盘管可用来通入冷、热水，用以冷却或加热二次风，空调房间的负荷由空气和水共同承担。

诱导器工作时吸入的二次风量与供给的一次风量的比值，称为诱导比。诱

导比 n 是评价诱导器的主要性能指标，其计算公式如下：

$$n = G_2 / G_1$$

式中：n——诱导比，诱导器的诱导比一般在 2.5～5 之间；

G_1——诱导器喷嘴送出一次风量，kg/h；

G_2——诱导器吸入的二次风量，kg/h。

诱导式空调系统是一种将空气的集中处理和局部处理结合起来的半集中式空调系统，也称为混合式空调系统。在诱导式空调系统的送风支管末端装有诱导器，将集中式空调器来的风（即一次风）作为诱导动力，就地吸入室内空气（即二次风）并做局部处理（如冷却或加热）后，又就地送入室内。这样可以大大减少一次风的用量，缩小送风管道尺寸，使回风管道的尺寸也大为缩小。因此，诱导式空调系统适用于某些特定的场所。

2.诱导器的安装

诱导器的安装主要有以下要求：

（1）安装诱导器前必须进行外观检查。各连接部分不能有松动、变形；静压箱封头的缝隙应密封良好；一次风喷嘴不能脱落或堵塞；一次风风量调节阀必须灵活可靠，并可调至全开位置。

（2）诱导器的水管接头方向和回风面朝向应符合设计要求。诱导器与一次风管的连接要严密，必要时应在连接处涂以密封胶或包扎密封胶带。安装立式双面回风诱导器时，应在靠墙一面留 50 mm 以上的空间，以利于回风；安装卧式双面回风诱导器时，要保证靠楼板一面留有足够的空间。

（3）诱导器的进、出水管接头和排水管接头不得漏水，进、出水管必须保温，防止产生凝结水。诱导器内二次盘管（冷却器）产生的凝结水落入凝结水盘，凝结水盘要有 0.005～0.01 的坡度，以使凝结水顺利排出。

（二）风机盘管的工作原理与安装

与诱导器一样，风机盘管也是通风空调系统的末端设备。

1.风机盘管的工作原理

风机盘管是由风机和盘管组成的机组，设在空调房间内，靠风机运转把室内空气（回风）吸进机组，经盘管冷却或加热后又送入房间。盘管所用的冷、热媒（冷、热水）是由管道系统集中供应的。因此，风机盘管的作用是使室内空气循环，并有效地冷却或加热室内空气。为了使室内空气保持新鲜和一定的微正压，由中央空调系统向房间送入少量经集中处理后的新风。因此，风机盘管系统也属于混合式空调系统，在高层建筑中已广泛采用，具有开闭方便、节省能源的特点。

国内有许多厂家生产风机盘管机组，其种类可分为卧式明装、卧式暗装、立式明装、立式暗装、立柱式明装、立柱式暗装及顶棚式等，其中最常见的立式明装和卧式暗装的结构如图 6-23 所示。

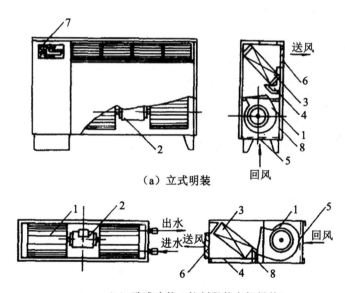

（a）立式明装

（b）卧式暗装（控制器装在机组外）

1—离心式通风机；2—电动机；3—盘管；4—凝水盘；

5—空气过滤器；6—出风格栅；7—控制器（电动阀）；8—箱体。

图 6-23　风机盘管机组的结构

2.风机盘管的安装

风机盘管的安装应注意以下事项：

（1）风机盘管的安装应符合设计要求的形式、接管方向。卧式风机盘管应由支、吊架固定，并应便于拆卸和维修；立式风机盘管安装应牢固，位置及高度应正确。

（2）风机盘管机组与风管、回风箱的连接应严密、牢固。风机盘管的回风口和送风口要与建筑装饰密切配合，在风机盘管下方应设活动顶棚板，以备日后检修。

（3）机组内的盘管，夏季通入 7 ℃左右的冷冻水，对空气进行冷却、减湿；冬季通入 60 ℃左右的热水，对空气进行加热。

五、通风机的简介与安装

（一）通风机的名称与分类

通风机的名称由三部分组成：通风机的用途或输送介质，通风机叶轮的作用原理，通风机在管网中的作用和压力高低。

通风机名称组成的顺序关系如图 6-24 所示。

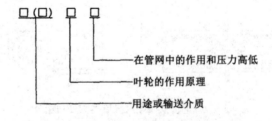

图 6-24　通风机名称组成的顺序关系

通风机按照旋转轴与空气流方向的关系可分为：

①离心式通风机：空气轴向流入、径向流出。

②轴流式通风机：空气轴向流入、轴向流出。

③贯流式通风机：空气径向流入、径向流出。

④混流式通风机：空气沿着斜向流动。它是介于轴流式通风机与离心式通风机之间的形式。

通风机按照产生的风压大小可分为：

①低压通风机：全压值＜981 Pa，用于一般通风空调系统。

②中压通风机：981 Pa≤全压值＜2 942 Pa，一般用于除尘系统或管网较长、阻力较大的通风空调系统。

③高压通风机：2 942 Pa＜全压值≤14 710 Pa，又称鼓风机，用于各种加热炉鼓风系统或物料输送。

通风机按其输送气体性质的不同，又可分为一般通风机、排尘通风机以及耐高温、耐磨、防爆、防腐等各种专用通风机。

在实际应用中，为了方便起见，往往使用汉语拼音缩写来表示通风机的用途。常用通风机产品用途代号见表6-7。

表6-7　常用通风机产品用途代号

用途	代号	
	汉字	简写
一般通用通风换气	通用	T
防爆气体通风换气	防爆	B
防腐气体通风换气	防腐	F
纺织工业通风换气	纺织	FZ
船舶用通风换气	船通	CT
矿井主体通风	矿井	K
隧道通风换气	隧道	SD
排尘通风	排尘	C
锅炉通风	锅通	G
锅炉引风	锅引	Y

（二）通风机的型号和机号

按照通风机产品技术标准的规定，离心式通风机的型号由用途代号、压力系数、比转数和设计序号组成；轴流式通风机的型号由叶轮数、用途代号、叶轮毂比、转子位置和设计序号组成。

通风机的机号以叶轮直径 d_m 的值（尾数四舍五入），前面冠以符号"No"表示。

（三）通风机的传动方式

通风机与电动机的传动部件，根据风机型号和规格的不同，有轴和轴承、联轴器或皮带轮。机座一般用灰铸铁铸造或用型钢焊接而成。

通风机的传动方式有 6 种，见表 6-8 及图 6-25、图 6-26。

表 6-8　通风机的传动方式

代号		A	B	C	D	E	F
传动方式	离心式通风机	无轴承，电机直联传动	悬臂支承，皮带轮在轴承中间	悬臂支承，皮带轮在轴承外侧	悬臂支承，联轴器传动	双支承，皮带轮在轴承外侧	双支承，联轴器传动
	轴流式通风机	无轴承，电机直联传动	悬臂支承，皮带轮在轴承中间	悬臂支承，皮带轮在轴承外侧	悬臂支承，联轴器传动（有风筒）	悬臂支承，联轴器传动（无风筒）	齿轮传动

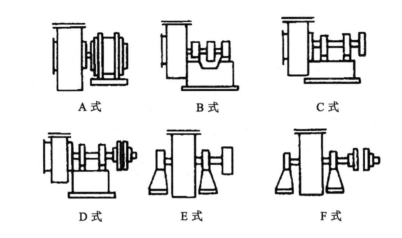

图 6-25　离心式通风机的传动方式

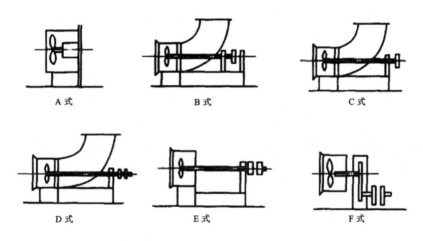

图 6-26　轴流式通风机的传动方式

（四）通风机的风口位置

从主轴槽轮或电动机位置看，叶轮按顺时针旋转者为右转，用"右"表示，按逆时针旋转者为左转，用"左"表示。

离心式通风机的风口位置，以叶轮的旋转方向和进风口、出风口方向（角度）表示，其基本风口位置为 8 个，如图 6-27 所示。

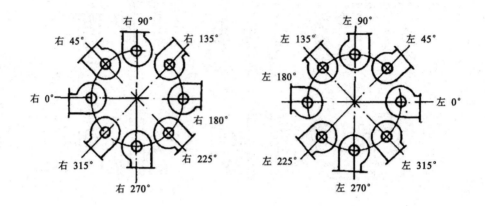

图 6-27　离心式通风机的风口位置

轴流式通风机的风口位置，用入（出）若干角度表示，其基本风口位置有 4 个，如图 6-28 所示。

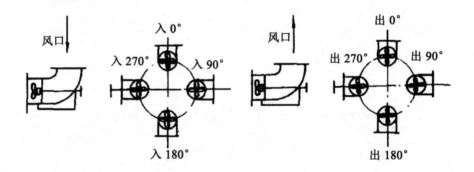

图 6-28　轴流式通风机的风口位置

（五）通风机的结构

1.离心式通风机的结构

离心式通风机的结构如图 6-29 所示。

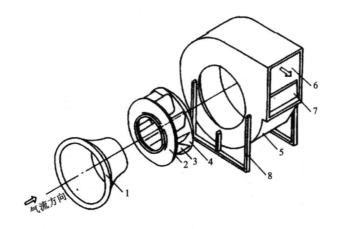

1—吸入口；2—叶轮前盘；3—叶片；4—叶轮后盘；

5—机壳；6—出风口；7—截流板（即风舌）；8—支架。

图 6-29 离心式通风机的结构

离心式通风机的主要结构部件是叶轮和机壳。机壳内的叶轮固定于原动机拖动的转轴上，当原动机带动叶轮旋转时，通风机内的气体便获得能量。

以图 6-29 所示的离心式通风机为例，叶轮由叶片和连接叶片的叶轮前盘及叶轮后盘所组成，叶轮后盘装在转轴上（图中未绘出）。机壳一般是用钢制成的螺线状箱体，支承于支架上。

在叶轮旋转之前，机壳内充满了空气。在叶轮旋转之后，叶轮周围的空气被叶轮扰动而获得能量，由于离心力的作用，空气从叶轮中以一定速度被甩出，汇集到蜗壳形机壳中，气流速度随着机壳断面的扩大而变慢，于是空气的动压转化为静压，最后以一定的压强和速度从出口被排出。在叶轮四周的空气被排出后，机壳中心形成真空环境，吸入口外面的空气被吸入机壳内。由于叶轮不断地转动，因而空气被不断地压出和吸入。这就是离心式通风机连续不断地抽送空气的原理。

2.轴流式通风机的结构

在通风空调系统中，常用的一般轴流式通风机的结构如图 6-30 所示。在圆筒形机壳中安装叶轮，当叶轮旋转时，空气由吸入口进入，在高速旋转的叶轮作用下，空气压强增大，并沿轴向流动，经扩压、减速后排出。

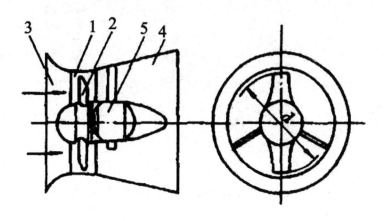

1—机壳；2—叶轮；3—吸入口；

4—扩压器；5—电动机。

图 6-30　轴流式通风机的结构

根据不同用途，轴流式通风机的机壳、叶轮和叶片可采用不同材料制作，常用的材料有普通钢、不锈钢、塑料、玻璃钢、铝合金等。

（六）通风机的安装

通风机的安装是暖通工程中通风空调系统安装的重要部分，其应符合下列规定：

（1）在设备开箱时，取出并保管好说明书和装箱单，并根据设计图纸核对通风机的名称、型号、机号、传动方式、旋转方向和风口位置是否符合设计要求。

（2）检查通风机的外观是否有明显的碰伤、变形或严重锈蚀等，如果有上述情况，则应会同有关方面研究处理。

（3）对于整体安装的通风机，搬运和吊装的绳索应固定在通风机轴承箱的两个受力环上或电机的受力环上，以及机壳侧面的法兰圆孔上，不得捆缚在转子和机壳或轴承盖的吊环上。与机壳边接触的绳索，在棱角处应垫好软物，防止绳索受力被棱边切断。

（4）对于现场组装的通风机，绳索的捆缚不得损伤机件表面，转子、轴颈和轴封等处均不应作为捆缚部位。

（5）输送特殊介质的通风机转子和机壳内涂有的保护层，应严加保护，不得损伤。

（6）通风机的进风管、出风管处应有单独的支撑。当风管与通风机连接时，不得强力对口，机壳不应承受其他机件的重量。

（7）通风机的传动装置外露部分应有防护罩；当通风机的进风口直通大气时，应加装保护网或采取其他安全措施。

（8）在通风机安装前，应对通风机基础进行验收。在地脚螺栓预留孔灌浆前，应清除杂物。灌浆使用细石混凝土，其强度等级应比基础的混凝土高一级，并应捣固密实，地脚螺栓不得歪斜。地脚螺栓除应带有垫圈外，还应有防松装置。

（9）安装隔振器的地面应平整，各组隔振器承受荷载的压缩量应均匀，高度误差应小于 2 mm，且不得偏心。通风机底座若不用隔振装置而直接安装在基础上，则应用垫铁找平。

（10）电动机应水平安装在滑座上或固定在基础上，找正应以通风机为准，安装在室外的电动机应设防雨罩。

（11）现场组装的轴流式通风机，叶轮与主体风筒的间隙应均匀分布，叶片安装角度应一致，并达到在同一平面内运转平稳的要求，水平度允许偏差为 1/1 000。

（12）通风机的叶轮经手动旋转后，每次均不应停留在原来的位置上，并不得擦碰机壳。

（13）通风机的隔振支座、吊架的结构和尺寸应符合设计要求或设备技术文件规定，焊接要牢固。

参 考 文 献

[1] 柴景山.强化建筑工程施工质量成本管理的实践途径研究[J].质量与市场，2023（14）：118-120.

[2] 陈曦.高层建筑暖通消防工程防排烟施工质量保障措施探讨[J].工程技术研究，2023（9）：117-119.

[3] 陈相超.冲孔灌注桩技术在建筑工程施工中的应用分析[J].科技资讯，2023（15）：97-100.

[4] 陈瑜.建筑暖通安装工程现场施工管理分析[J].广东建材，2023（12）：138-140.

[5] 邓家权.建筑工程中暖通空调施工技术要点分析[J].中华建设，2023（4）：155-157.

[6] 邓捷.关于高层建筑暖通设计中的常见问题[J].建设科技，2023（18）：107-109.

[7] 丁贵川.建筑工程施工现场安全管理研究：以贵阳市某工程项目为例[J].房地产世界，2023（18）：115-117.

[8] 范共华.商业综合体建筑空调系统设计[J].工程设计，2021（9）：195-196.

[9] 甘帅.建筑暖通空调工程节能技术的创新与应用[J].中国设备工程，2023（2）：185-187.

[10] 龚苹.建筑工程施工中安全管理的重要性与强化措施[J].房地产世界，2023（14）：79-81.

[11] 韩龙海.精细化管理在建筑工程施工中的应用[J].砖瓦，2023（7）：100-102，105.

[12] 贺思佳.建筑工程施工合同无效的法律后果与防范对策[J].法制博览，

2023（21）：145-147.

[13] 洪浩全. 建筑工程施工中混凝土裂缝控制技术研究[J]. 居舍，2023（23）：33-36.

[14] 胡宗，徐云凯. 建筑工程项目暖通空调节能设计的相关问题[J]. 低碳世界，2023（8）：88-90.

[15] 黄文龙. 建筑工程施工全过程管理初探[J]. 产品可靠性报告，2023（9）：56-58.

[16] 黄小妹. 工程监理在建筑工程施工中的作用[J]. 居业，2023（11）：144-146.

[17] 黄延奎. 建筑暖通工程施工质量管理与控制探讨[J]. 房地产世界，2023（16）：91-93.

[18] 金海霞. 建筑暖通工程施工要点及质量控制措施[J]. 中国建筑装饰装修，2023（14）：137-139.

[19] 李安乐，李银州，陈子文. BIM 技术在建筑工程施工安全管理中的应用研究：以凤凰村站区标准化改造工程为例[J]. 房地产世界，2023（15）：79-81.

[20] 李宝锋. 建筑暖通工程施工质量管理与控制[J]. 广东建材，2023（11）：96-98.

[21] 李国华. BIM 建筑模型在建筑工程施工过程的实践分析[J]. 建材发展导向，2023（24）：147-149.

[22] 李华峰. 建筑工程暖通设备节能措施研究[J]. 城市建设理论研究（电子版），2023（18）：109-111.

[23] 李杰. 暖通工程施工过程中管道防腐保温技术的有效运用[J]. 建材发展导向，2023（20）：136-138.

[24] 李铁民. 浅谈建筑工程中的暖通设计[J]. 黑龙江科技信息，2012（1）：112-114.

[25] 李云江. 暖通工程施工及管道防腐技术探讨[J]. 绿色环保建材，2021（8）：122-123.

[26] 林启刚. 基于 BIM 技术的建筑工程施工工艺流程优化与管理研究[J]. 智

能建筑与智慧城市，2023（11）：69-71.

[27] 林伟.灌注桩后注浆施工技术在建筑工程施工中的应用分析[J].居业，2023（7）：28-30.

[28] 刘高飞，郭慧锋.基于 SPSS 的建筑工程施工工期回归预测模型研究[J].广州建筑，2023（6）：59-62.

[29] 刘楠.建筑工程水电暖通安装施工技术研究[J].广东建材，2023（11）：92-95.

[30] 刘楠.建筑暖通工程施工中的关键技术问题研究[J].广东建材，2023（12）：102-105.

[31] 刘玉迪.暖通工程设计中遇到的问题及解决办法[J].建筑科学，2015（35）：261.

[32] 刘媛.房屋建筑工程施工进度及其质量控制[J].陶瓷，2023（9）：202-204.

[33] 逯轩武.建筑暖通安装工程施工质量的控制与管理[J].产品可靠性报告，2023（4）：68-69.

[34] 宁军红.建筑工程施工中混凝土裂缝及防治措施[J].城市建设理论研究，2023（20）：132-134.

[35] 彭龙.高层房屋建筑工程施工安全管理探讨[J].大众标准化，2023（13）：77-79.

[36] 孙广厚.基于暖通工程施工及管道防腐保温技术分析[J].全面腐蚀控制，2021（12）：41-42.

[37] 陶艳琴.建筑工程施工资料管理的思考分析[J].中国住宅设施，2023（7）：49-51.

[38] 田茂辰.建筑暖通空调自动系统的节能设计研究：以北京某商场二期工程为例[J].房地产世界，2023（3）：151-153.

[39] 王成.建筑工程施工质量"三检制"的实践[J].大众标准化，2023（14）：22-24.

[40] 王红光.高层建筑暖通消防工程防排烟施工技术研究[J].城市建筑空间，

2022（2）：719-720.

[41] 王晓，张翠萍.精细化管理在建筑工程施工中的应用[J].砖瓦，2023（7）：109-111.

[42] 王月.高大模板建筑工程施工与质量控制探究[J].房地产世界，2023（14）：103-105.

[43] 吴林兵.建筑工程施工常见隐患及安全监督管理要点[J].居舍，2023（25）：166-169.

[44] 吴妙松.建筑工程施工中混凝土裂缝的防治技术分析[J].散装水泥，2023（5）：140-142.

[45] 吴尚明.加强建筑工程施工全过程监理的措施分析[J].中国住宅设施，2023（8）：160-162.

[46] 夏天，王丽.建筑工程施工中的绿色施工技术[J].居业，2023（7）：170-172.

[47] 许艺军.建筑工程施工阶段质量监理的控制措施[J].陶瓷，2023（12）：207-209.

[48] 许增.建筑工程施工与设备管理中创新模式的应用[J].中外建筑，2023（11）：108-111.

[49] 闫江.建筑工程施工安全风险管理浅析[J].石材，2023（9）：94-96.

[50] 闫兴东.暖通空调节能技术在建筑工程中的应用研究[J].佛山陶瓷，202333（7）：48-50.

[51] 闫宇嵩.建筑工程施工材料质量检测存在问题及对策[J].佛山陶瓷，2023（10）：48-50.

[52] 杨瑞，郭荣春.某大型商业综合体空调通风设计[J].工程技术研究，2021（1）：197-198.

[53] 杨维娜.建筑工程暖通空调设计[J].江西建材，2012（1）：66-68.

[54] 叶永春.建筑工程施工过程中安全管理问题和对策解析[J].中国建筑装饰装修，2023（18）：167-169.

[55] 虞永亮，吕海龙.建筑机电工程中暖通空调新技术的发展现状与趋势分析

[J].城市建设理论研究，2023（20）：135-137.

[56] 元亮.建筑暖通工程中常见问题及技术改善措施[J].居业，2023（2）：4-6.

[57] 占丹云.试论建筑工程施工阶段全过程的造价管理[J].居业，2023（7）：200-202.

[58] 张敏.建筑工程施工现场安全文化建设与管理策略研究[J].居舍，2023（31）：141-144.

[59] 张仁贵.建筑工程施工安全质量管理方法探讨[J].产品可靠性报告，2023（9）：152-154.

[60] 张玮，曹雪静.暖通工程全过程监理质量控制要点探讨[J].科技信息，2011（21）：122-124.

[61] 赵亮.基于 BIM 技术的绿色建筑暖通工程规划设计[J].信息与电脑（理论版），2023（13）：49-51.

[62] 赵思栋.节能环保技术在建筑工程施工中的应用研究[J].建材发展导向，2023（24）：196-198.

[63] 周前兵，李世海.建筑工程中的暖通空调节能技术应用[J].江苏建材，2023（4）：134-136.

[64] 周延望.建筑工程施工进度与质量安全的控制[J].中华建设，2023（9）：46-48.

[65] 朱敬冬.建筑工程施工中节能降耗技术的应用[J].大众标准化，2023（22）：162-164.

[66] 朱敬冬.建筑工程施工中智能化监测技术的研究与应用[J].智能建筑与智慧城市，2023（10）：96-98.

[67] 朱庆丰.建筑工程施工现场监理管理工作的有效策略[J].北方建筑，2023（5）：83-86.

[68] 朱少龙.建筑工程施工过程中的造价预算控制重点难点[J].陶瓷，2023（12）：213-215.